Kopfbedeckungen

Eine Typologie für Museen und Sammlungen

DKV

Kopfbedeckungen

Eine Typologie für Museen und Sammlungen

von
Gitta Böth, Manfred Hartmann und Viktor Pröstler

unter Mitarbeit von
Erdmute Bader, Herbert Bald, Barbara Grimm,
Hubertus Habel und Guido Schmid

DEUTSCHER KUNSTVERLAG

MuseumsBausteine

herausgegeben für die
Landesstelle für die nichtstaatlichen Museen in Bayern
beim Bayerischen Landesamt für Denkmalpflege
von Michael Henker

Band 15

LANDESSTELLE
FÜR DIE NICHTSTAATLICHEN
MUSEEN IN BAYERN

Materialien aus dem Westfälischen Museumsamt, Band 6

Landschaftsverband
Westfalen-Lippe www.lwl.org

Redaktion:
Gitta Böth, Manfred Hartmann, Viktor Pröstler,
Wolfgang Stäbler

Bibliografische Information der Deutschen Bibliothek
Die Deutsche Bibliothek verzeichnet diese Publikation in der Deutschen Nationalbibliografie;
detaillierte bibliografische Daten sind im Internet über <http://dnb.ddb.de> abrufbar.

Projektleitung im Verlag: Rudolf Winterstein

Umschlaggestaltung
unter Verwendung einer Fotografie von Hermann Tell: arthleten visual design, München

Gestaltung: Deutscher Kunstverlag
Repro: Deutscher Kunstverlag
Druck und Bindung: DZA Druckerei zu Altenburg GmbH

Schrift: Myriad Pro

Paul-Lincke-Ufer 34
D-10999 Berlin
www.deutscherkunstverlag.de

ISBN 978-3-422-07170-4

Inhalt

Anhang

Vorwort

In den Sammlungen unserer Museen spiegelt sich das Leben. Ein wesentliches Element, das unsere Lebensweise und unsere Lebensqualität ausdrückt, bestimmt und in vielfältiger Weise in den Beständen zahlreicher Museen vertreten ist, bildet die Kleidung.

Sich zu kleiden erfüllt so vielfältige und unterschiedliche Bedürfnisse der Menschen wie Schutz, Schmuck, Auszeichnung und gesellschaftliche Differenzierung. Aus der Vielzahl der Kleidungsstücke wurden für den hier vorliegenden Thesaurus die Kopfbedeckungen herausgegriffen. Für sie hat sich im Laufe der Zeit eine Begrifflichkeit herausgebildet, die kaum weniger vielfältig ist als der Gegenstand der Betrachtung selbst. Beschreibung und Bezeichnung von Kopfbedeckungen können an ganz unterschiedliche Kriterien anknüpfen wie etwa an Form und Gestaltung, an Funktionen, an Materialien, an die Provenienz aus bestimmten Kulturlandschaften oder Herstellungsorten.

Ziel des hier vorgelegten Thesaurus ist einerseits, diese Vielfalt der Begriffe zu erfassen und kritisch zu hinterfragen, sie andererseits aber in eine systematische Ordnung zu bringen. Der rote Faden ist dabei die Ordnung der Kopfbedeckungen nach Typen, wobei sich als Hauptgruppen unter anderen Haarschmuck, Helm, Hut, Kapuze, Krone, Maske, Mütze, Schleier und Trachtenhaube herauskristallisierten.

Über die Darstellung in typologischen Zusammenhängen hinaus werden die einzelnen Fachbegriffe auch durch ein alphabetisches Register erschlossen. In einem Glossar werden ergänzend wiederkehrende Begriffe zu typischen Gestaltungsmerkmalen sowie zu Herstellungstechniken erläutert.

Der von einer Arbeitsgruppe von Kollegen aus dem LWL-Museumsamt für Westfalen, dem LWL-Freilichtmuseum Hagen, der Sächsischen Landesstelle für Museumswesen, der Landesstelle für die nichtstaatlichen Museen in Bayern sowie aus bayerischen Museen aus Lohr am Main, Roth bei Nürnberg und Bamberg zusammengestellte Thesaurus ist ein museumspraktisch orientierter Leitfaden. Er dient der Inventarisierung und Dokumentation von Kopfbedeckungen. Der Bedarf für die Verwendung einer klaren Begrifflichkeit ergibt sich schon daraus, dass Recherchen bei der EDV-gestützten Auswertung von Daten nur dann repräsentative Suchergebnisse zeitigen können, wenn die inventarisierten Objekte nach einheitlichen Kriterien erfasst und verschlagwortet sind.

Dass dieses Konzept trägt, hat bereits die zuvor in den Reihen »MuseumsBausteine« und »Materialien aus dem Westfälischen Museumsamt« erschienene Publikation »Möbel. Eine Typologie für Museen und Sammlungen« gezeigt. Sie war innerhalb kurzer Zeit vergriffen; eine zweite Auflage ist in Planung.

Den Autoren gilt der Dank dafür, dass sie sich in zahlreichen Arbeitssitzungen mit Erfolg um eine möglichst breite Sammlung und Erfassung der einschlägigen Spezialbegriffe und um deren stringente und übersichtliche Ordnung bemüht haben. Ohne Abbildungen wäre diese Typologie nur schwer nutzbar. Für die Bereitstellung von Zeichnungen und Fotografien danken wir den im Bildnachweis genannten Personen, Museen und Bildarchiven.

Darüber hinaus freuen wir uns darüber, dass das Projekt der Herausgabe des Kopfbedeckungsthesaurus dem westfälischen wie dem bayerischen Museumsamt Gelegenheit gegeben hat, die traditionell gute und enge Zusammenarbeit im Rahmen eines gemeinsamen Publikationsvorhabens zum Tragen zu bringen.

Helmut Knirim Michael Henker

Das Bestreben den Kopf, als den schönsten und edelsten Körpertheil, zu schmücken und zu schützen, ist fast allen Nationen gemein, und zahllos, wie die Sprachen derselben, sind die Formen, welche Männer wie Frauen ihrem Kopfputze geben.

Damen Conversations Lexikon, Bd. 6, 1836, S.192

Einleitung

Wie nennt man das Objekt? Diese Frage stellt sich bei der Dokumentation von Museumsobjekten immer wieder. Sicherlich, zu fast allen Gegenstandsbereichen gibt es Fachliteratur. Sie zielt in der Regel aber nicht auf die Begriffsfindung, sondern setzt diese voraus. Infolgedessen variiert selbst in einem einzelnen Fachgebiet die Terminologie ganz erheblich. Abhilfe schaffen kann hier ein Thesaurus, den DIN 1463 so definiert: »Ein Thesaurus im Bereich der Information und Dokumentation ist eine geordnete Zusammenstellung von Begriffen und ihren (vorwiegend natürlichsprachigen) Bezeichnungen, die in einem Dokumentationsgebiet zum Indexieren, Speichern und Wiederauffinden dient.« (DIN 1463-1, Ausgabe: 1987–11: Erstellung und Weiterentwicklung von Thesauri; Einsprachige Thesauri, S. 2)

Die Forderung, für die Inventarisierung und Dokumentation von Museumssammlungen Thesauri zu schaffen, um Licht in den Terminologie-Dschungel zu bringen, ist nicht neu. Sie wurde beispielsweise von der Kultusministerkonferenz (KMK) im Beschluss zur »Erfassung von Museumsbeständen« vom 27. Januar 1995 erhoben. Einen Gesamtthesaurus aller denkbaren (Museums-)Objekte wird es jedoch nicht geben. Die Arbeit daran fände kein Ende, da das Spektrum aller möglichen Sammlungsgegenstände viel zu groß ist und sich auch stetig verändert und erweitert.

Der vorliegende Thesaurus berücksichtigt einen in vielen Museen vorkommenden Sammlungsbestand: den der Kopfbedeckungen. Er versteht sich als Hilfsmittel bei der Inventarisierung und Dokumentation und soll insbesondere denen Hilfestellung geben, die keine Spezialisten im Bereich der Bestimmung von Kopfbedeckungen sind. Der Thesaurus richtet sich also vorrangig an interessierte – aber nicht spezialisierte – akademisch ausgebildete Kulturwissenschaftler sowie an kulturgeschichtlich engagierte Laien. Eigene Forschungsarbeit kann und will er nicht ersetzen. Er erfasst die Grundformen der im deutschsprachigen Raum vorkommenden Kopfbedeckungen.

Im Sinne von wissenschaftlicher Kleidungsforschung wird der Begriff der Kopfbedeckung weit gefasst. So sind auch die Kleidungsstücke aufgeführt, die neben dem Kopf den Hals, den Oberkörper oder den ganzen Leib umhüllen. Aufgenommen werden zudem Masken, darunter Atemschutzmasken; hingegen sind Schutzbrillen den Brillen und damit den optischen Geräten zugeordnet. Auch werden alle Arten von Bändern, Kränzen, Spangen u. Ä., die das Haar zusammenhalten oder die Frisur gestalten, genannt. Reine Schmuckformen wie Ohrringe, Ketten, Piercings etc. sind dagegen nicht berücksichtigt; sie bleiben einem Schmuckthesaurus vorbehalten.

Der hierarchische Aufbau des systematischen Teils ist leicht verständlich. Der Oberbegriff »Kopfbedeckung« – ein Ein-Punkt-Begriff – untergliedert sich in elf Hauptgruppen, die Zwei-Punkt-Begriffe, die dann wiederum weiter untergliedert sind. Viele Deskriptoren, zum Beispiel »Augenklappe«, »Bartbinde«, »Fallhut« etc. sind jedoch formtypologisch so unterschiedlich, dass sie in keiner Gruppe untergeordnet werden können; sie stehen daher ebenfalls als Zwei-Punkt-Begriffe direkt unter dem Oberbegriff »Kopfbedeckung«.

Die nicht als Deskriptoren festgelegten Bezeichnungen, die Nicht-Deskriptoren, tauchen als (Quasi-)Synonyme auf; diese Termini sind über das alphabetische Register leicht zugänglich. Obwohl sich der Thesaurus auf den deutschsprachigen Raum bezieht, werden auch gängige fremdsprachliche Bezeichnungen aufgenommen.

Die Auflistung der (Quasi-)Synonyme ist dennoch nicht vollständig. So verzeichnet Hans-Friedrich Foltin, der sich 1963 in seiner Dissertation mit dem Komplex »Wörter und Sachen« unter dem Aspekt »Kopfbedeckungen« auseinandersetzt, eine Vielzahl von deutschsprachigen Synonymen für die meisten Kopfbedeckungen. Dass hier nicht alle aufgelistet werden können, verdeutlicht das folgende Beispiel: Allein für die »Zipfelmütze« führt Hans-Friedrich Foltin in seinem »Wörterbuch der deutschen Bezeichnungen für Kopfbedeckungen« (Foltin 1963, S.155–288) nahezu 100 weitere Benennungen auf, darunter allgemein bekannte wie die »Michelmütze«, lokal oder regional benutzte wie die »Plümmenmütze« aus dem Ruhrgebiet oder scherzhafte wie das »Flöhseckel« oder die »Klingelbüdelmütz«.

Da die Einordnung in der Regel nach formtypologischen Merkmalen geschieht, taucht eine Vielzahl landläufig gängiger Begriffe nicht als Deskriptor auf. So haben wir geographische, lokal- und regionalspezifische, funktionale oder auf Stilepochen bezogene Bezeichnungen nicht als Deskriptoren aufgenommen. Derartige Begriffe können sich in jede Richtung hin überschneiden; sie sind gegeneinander nicht exakt abzugrenzen. Teilweise meinen sie auch nicht dasselbe oder sie sind zu einem nicht unbeträchtlichen Teil lediglich Phantasiebezeichnungen aus Modeindustrie, Kunsthandel, Trachtenbewegung oder Fachwissenschaft.

Der Umgang mit dem Begriff »Haube« verdeutlicht die Problematik. Die frühe »Haube« meint vermutlich bereits eine bei den Germanen verbreitete, sich am Kopf eng anschmiegende Kopfbedeckung. Im Althochdeutschen sind ihre Bedeutungen »Mütze« und »Bischofsmütze«; im Mittelhochdeutschen bezeichnet sie eine mützenartige Kopfbedeckung für beide Geschlechter, die Polsterhaube unter dem Helm des Ritters, die eiserne Kopfbedeckung des Knappen, gelegentlich auch den Helm des Ritters sowie die Bischofsmütze. Seit dem 14. Jahrhundert meint sie vorrangig die Kopfbedeckung von Frauen, daneben weiterhin die von Männern und Frauen unter dem Hut beziehungsweise dem Kopftuch getragene (Unter-)Haube. In Süddeutschland, Bayern und Nordösterreich bleibt daneben die Bezeichnung für die mützenartige Kopfbedeckung der Männer bestehen, in Bayern beispielsweise für die zur Nacht getragenen Zipfelmütze. Die hochsprachliche Bedeutung des Begriffs »Haube« für eine Art von Frauenkopfbedeckung findet sich auch in vielen deutschen Dialekten; nach Norden hin ist der Begriff »Haube« allerdings weniger in Gebrauch, seine Bedeutung übernimmt hier der Begriff »Mütze«. Regionale Unterschiede in den Kleidungsgewohnheiten und der Bedeutungswandel machen eine exakte Definition unmöglich; eindrücklich belegen dies auch die 213 von Hans-Friedrich Foltin einzeln aufgelisteten Hauben; ihre Benennungen folgen beispielsweise Herkunft (»Frankfurter Haube«), Beruf (»Schwesternhaube«), Trägerpersönlichkeit (»Stuarthaube«), Geschlecht (»Mannshaube«), Trageanlass (»Trauerhaube«), äußerer Erscheinungsform (»Spitzhaube«), Religion (»Pietistenhaube«), Material (»Zobelhaube«) oder Zeitgeist (»Giraffenhaube«; hergestellt anlässlich der um 1830 in Wien erstmals gezeigten Giraffe). (Vgl. Foltin 1963, S. 195–198)

Wir haben einen Teil der häufig benutzten Bezeichnungen, mit einem Stern (*) versehen, in den Thesaurus und das alphabetische Register aufgenommen, um zu verdeutlichen, dass wir diese Bezeichnungen für Kopfbedeckungen nicht einfach vergessen haben, sondern dass sie als Nicht-Deskriptoren in einem an der Form orientierten Thesaurus nicht verwendet werden dürfen.

Unberücksichtigt bleiben kurzzeitige Modekreationen wie die um 1805 entstandene Casquette à la Minerve. Sie sind formtypologisch einzuordnen; der Modellname kann, falls bekannt, als alternative Objektbezeichnung eingetragen werden. Ebenfalls unberücksichtigt bleiben Einzelstücke von Modedesignern oder Künstlern wie der Eierspeishut der italienischen Modeschöpferin Elsa Schiaparelli (1870–1973) aus den 1930er Jahren; sie verstehen sich eher als Kunstobjekte denn als gebrauchsfähige Kopfbedeckungen.

Neben den Definitionen und den Abbildungen gibt es kurze historische Abrisse über die Entwicklung einzelner Kopfbedeckungen sowie sie in den zeitgenössischen kulturellen Kontext einordnende Zitate. Auch werden Hinweise auf Sonderentwicklungen gegeben und »Problemfälle« vorgestellt. Ein Glossar erläutert wichtige fachspezifische Termini.

Den Aufbau des Thesaurus – den systematischen Teil sowie das alphabetische Register – wollen wir abschließend noch einmal am Beispiel »Sherlock-Holmes-Mütze« verdeutlichen:

a) Auszug aus dem systematischen Register

Der Deskriptor, hier: Sherlock-Holmes-Mütze, folgt den Punkten, deren Anzahl die hierarchische Stellung in der Systematik wiedergibt. Daneben steht der nächsthöhere Oberbegriff (OB) zum jeweiligen Deskriptor, hier: Schirmmütze. Es folgt die Definition des Deskriptors. Unter der Abkürzung Syn. finden sich die Synonyme als Nicht-Deskriptoren, hier: Deerstalker, Deerstalker-Mütze und Deerstalker-Hut.

●●●● **Sherlock-Holmes-Mütze**
(OB Schirmmütze)
Die Sherlock-Holmes-Mütze ist eine Schirmmütze mit Stirn- und Nackenschirm. Zumeist hat sie Ohrenklappen, die hochgeklappt und über dem Kopfteil zusammengebunden werden können.

Bekannt wird die Sherlock-Holmes-Mütze durch zahlreiche Verfilmungen der Abenteuer des Detektivs Sherlock Holmes und seines Assistenten Doktor Watson aus der Feder des englischen Arztes und Schriftstellers Arthur Conan Doyle (1859–1930). Erwähnt wird das »ear-flapped travelling-cap«, das zu Sherlock-Holmes' Markenzeichen wird, allerdings nur in der Geschichte »Silver Blaze« aus dem Jahr 1892: Darin trägt er es während einer Zugfahrt von London über Exeter ins Dartmoor. (Abb. 154)
Syn.: Deerstalker [englisch deer = Hirsch und to stalk = pirschen], Deerstalker-Hut, Deerstalker-Mütze

b) Auszug aus dem alphabetischen Register:

Das alphabetische Register führt die Deskriptoren und Nicht-Deskriptoren auf. Bei den Deskriptoren verweist es jeweils auf alle zugehörigen Oberbegriffe, die aufsteigend beigefügt sind, hier: Sherlock-Holmes-Mütze auf Schirmmütze, Mütze und Kopfbedeckung. Bei den Nicht-Deskriptoren gibt es den Hinweis (s. = siehe) auf den jeweiligen Deskriptor, hier: Deerstalker, Deerstalker-Hut und Deerstalker-Mütze auf Sherlock-Holmes-Mütze.

Deerstalker s. Sherlock-Holmes-Mütze
Deerstalker-Hut s. Sherlock-Holmes-Mütze
Deerstalker-Mütze s. Sherlock-Holmes-Mütze
[...]
Mütze – Kopfbedeckung
[...]
Schirmmütze – Mütze, Kopfbedeckung
[...]
Sherlock-Holmes-Mütze – Schirmmütze, Mütze, Kopfbedeckung

Dass ein Thesaurus nie vollständig ist, hat uns unsere Arbeit immer wieder bestätigt. Daher freuen wir uns über weitere Hinweise, Ergänzungen und Korrekturen zum vorliegenden Thesaurus. Entsprechende Meldungen werden erbeten an:

Landesstelle für die nichtstaatlichen Museen,
Dr. Viktor Pröstler,
Alter Hof 2,
80331 München,
Tel.: 089/21014021,
E-Mail: viktor.proestler@blfd.bayern.de

oder an:

Landschaftsverband Westfalen-Lippe,
LWL-Museumsamt für Westfalen,
Manfred Hartmann,
Erbdrostenhof,
48133 Münster,
Tel.: 0251/5913296,
E-Mail: manfred.hartmann@lwl.org

Thesaurus

● **Kopfbedeckung** (OB Kleidung)
Die Kopfbedeckung bekleidet den Kopf ganz oder teilweise. Sie schließt solche Kleidungsstücke ein, die neben dem Kopf auch den Hals, den Oberkörper oder den ganzen Leib umhüllen. Sie umfasst zudem alle Arten von Bändern, Kränzen, Spangen u.a., die das Haar zusammenhalten oder die Frisur gestalten.

Hergestellt werden Kopfbedeckungen aus unterschiedlichen Materialien: Textil, zum Beispiel Wolle, Seide, Tweed, Cord oder Filz, Leder, Pelz, Stroh, Kunststoff etc.

Die Kopfbedeckung hat für den Träger schützende, zierende und/oder auszeichnende Funktion. Vieles kann mit ihr ausgedrückt werden: Alter, Geschlecht, Arbeit oder Freizeit, Religionszugehörigkeit, Familienstand, soziale Stellung, ethnische Zugehörigkeit, Amt und selbst Gefühle wie Schmerz oder Freude.

Viele Synonyme für Kopfbedeckungen entstammen dem zeittypischen Sprachgebrauch.
Syn.: Hauptzierde, Kopfputz

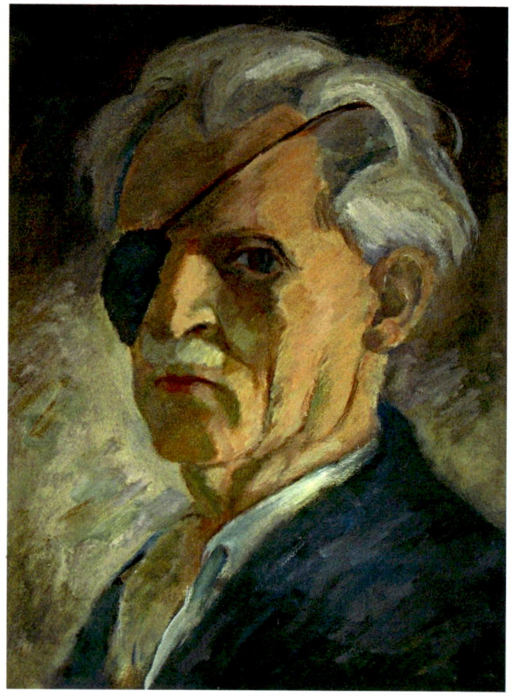

Abb. 1: Hugo Becker mit Augenklappe, Selbstbildnis, um 1930

Die Werkstätte des Hutmachers liefert uns Hüte, diese schöne Kopfzierde. Um sie zu verfertigen, braucht er kurze Lämmerwolle und die zweischürige Wolle der Schafe. Erstere giebt mittelfeine Hüte, letztere aber grobe Filze. Die allerfeinsten werden aus Fischotter- und Biberhaaren gemacht. Auch Hasen- und Kaninchenhaare werden zu Hüten verarbeitet, müssen aber durch eine Beize besonders zubereitet und sorgfältig miteinander vermengt werden. [...] So macht er alle Hüte, wie es die Mode verlangt, runde und zugespitzte, Castorhüte, Reisehüte, Barette, Filzschuhe und Jagdhüte. Es giebt auch Stroh- und Seidenhüte. Die Filze zu den Turbanen der Türken werden in Frankreich verfertigt, die Cardinalshüte in England.

Jacob Eberhard Gailer: Neuer Orbis Pictus für die Jugend oder Schauplatz der Natur, der Kunst und des Menschenlebens. Reutlingen 1835, S. 264–266

●● **Abendhaube***

●● **Augenklappe** (OB Kopfbedeckung)
Die Augenklappe ist steif gearbeitet und besteht zumeist aus dunklem textilem Gewebe. Sie bedeckt – in der Regel aus medizinischen Gründen – ein Auge komplett. Befestigt wird sie mit einem Gummiband um den Kopf oder mit Bändern, die hinter dem Kopf gebunden werden. (Abb. 1)

●● **Balzo***

●● **Bartbinde** (OB Kopfbedeckung)
Die Bartbinde ist ein längliches Band aus Textil, Leder, Gummi und/oder Kunststoff, das den Oberlippenbart komplett bedeckt. Um die Bartbinde am Kopf zu halten, wird sie um den Hinterkopf geführt.

Die Bartbinde dient dazu, den Schnurrbart – in der Regel über Nacht – in Form zu halten. Ende des 19. Jahrhunderts wird in Berlin der Friseur und »Fabrikant feinster Parfümerien und kosmetischer

Präparate« François Haby (1861–1938) berühmt, der den hochgezwirbelten Schnurrbart »Kaiser-Wilhelm-Aufsteiger« als topaktuelle Bartmode verbreitet und zum Hoffriseur von Kaiser Wilhelm II. ernannt wird; er entwickelt eigens Bartwichse und die Bartbinde »Es ist erreicht«, um den Schnurrbärten ihre künstlerische Form zu geben. (Abb. 2)

Letzte Neuheit von Juli 1899. Hof-Friseur Haby's KAISER-BINDE à Stück 1,50 M. construirt als die vollkommenste Binde der Gegenwart. Dieselbe übt oben, unten und nach den Seiten hin eine federnde Wirkung aus, wodurch der Bart eine andauernd brillante Lage erhält.

Ausschnitt aus einer Werbeannonce, hier im Kladderadatsch, 1910

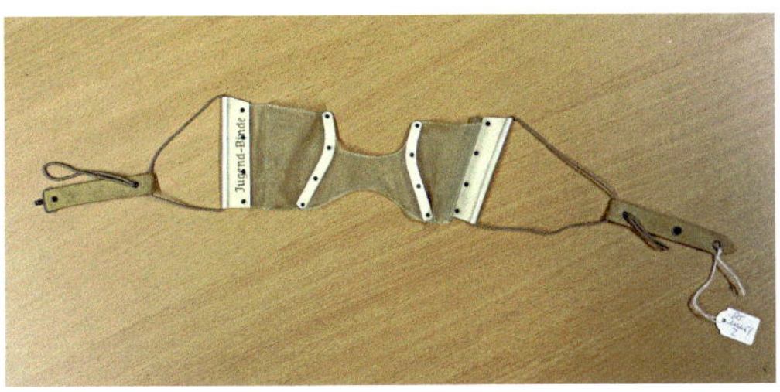

Abb. 2: Bartbinde

●● Bonnet*

●● Boxerhelm (OB Kopfbedeckung)

Der Boxerhelm ist eine Kopfbedeckung aus weichem, schlag- und stoßdämpfendem Material, die den Kopf einschließlich der Wangenpartien, jedoch nicht das Schädeldach umschließt.

Im Amateurboxsport wird der Boxerhelm 1984 als Teil der Schutzkleidung eingeführt, der Weltverband der Amateurboxer (AIBA) schafft ihn 2013 für erwachsene Männer wieder ab. (Abb. 3)

Syn.: Boxhelm, Kopfschützer, Kopfschutz

●● Carcasse (OB Kopfbedeckung)

Die Carcasse [französisch la carcasse = Gerippe, Gerüst] ist ein Drahtgestell unterschiedlicher Bauart; sie kann mit Krepp, Haarwolle u. Ä. aufgepolstert sein.

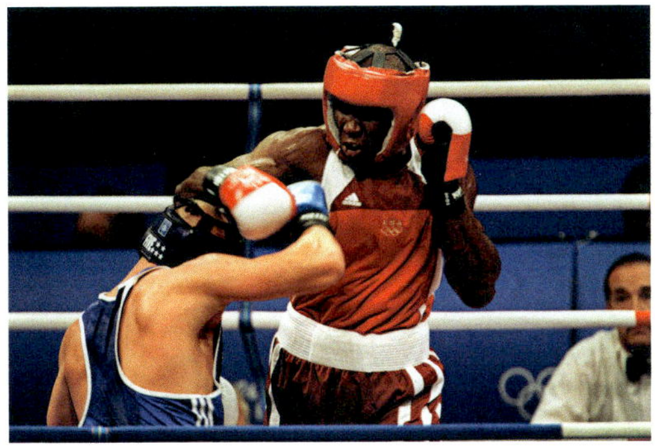

Abb. 3: Boxer mit Boxerhelm, Olympische Spiele, Sydney, 2000

Als kleine Drahtstütze gibt sie in der Spanischen Mode der kegelförmigen Frauenfrisur Halt, am Ende des 17. Jahrhunderts ist sie Bestandteil der

Abb. 4: Carcasse und ihre Anwendung. Aus einem Friseurlehrbuch von 1965

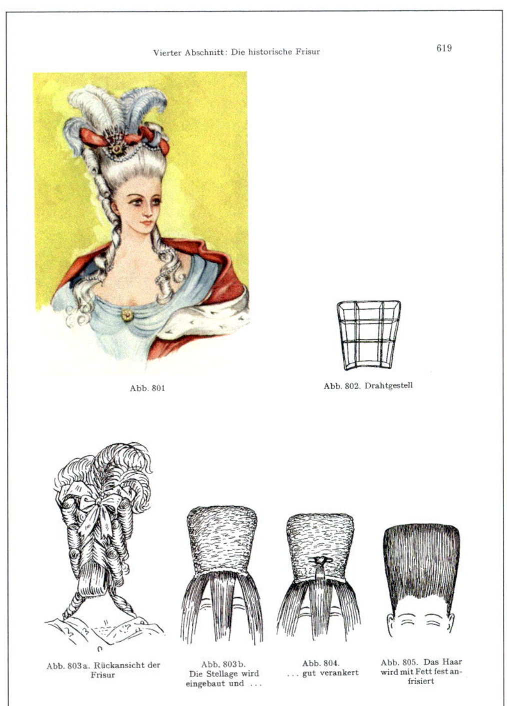

Fontanges, eines Frauenkopfputzes, den die Mätresse Ludwigs XIV., Marie-Angélique de Fontanges (1661–1681), kreiert haben soll. Die Carcasse wird bis in die zweite Hälfte des 18. Jahrhunderts als Unterbau für außergewöhnlich geformten, oft hoch aufgetürmten Kopfputz verwendet. Die Haare werden in ihr verankert und mit Spitze, Stoffbändern, Federn, Schmuckstücken und zum Teil kuriosen Gegenständen wie dreimastigen Fregatten, Windmühlen oder kompletten Hirtenszenen dekoriert.

Nicht gemeint ist hier die unter dem Fichu angebrachte Sprungfeder. (Abb. 4)
Syn.: Commode, Haardraht, Karkasse, Kopfgerüst, Kopfgestell, Palisade (Carcasse), Palissade, Stellage (Carcasse)

Da die Fontangen erfunden worden, schrieben einige von den Geistlichen: Man führe durch diese Fontangen den Bau des Leibes höher, als die Natur ihn hätte haben wollen, und suchte den Ausspruch des Heylandes umzustoßen: Wer ist, der seiner Länge eine Elle zusetzen könte? Eva hätte weder vor noch nach dem Fall diese Tracht gebraucht, und von Gott wohl einen Rock von Fellen, aber keine Fontenge bekommen. Paulus habe den Frauenzimmer eine Decke auf dem Haupt zu tragen anbefohlen. Christi Haupt habe keine seidene Fontenge, sondern ein dickes Gebüsch von geflochtenen Dornen bedecket.

Julius Bernhard von Rohr: Einleitung zur Ceremoniel-Wissenschafft der Privat-Personen. Herausgegeben und kommentiert von Gotthardt Frühsorge. Neudruck der Ausgabe Berlin 1728, Leipzig 1990, S. 571–572

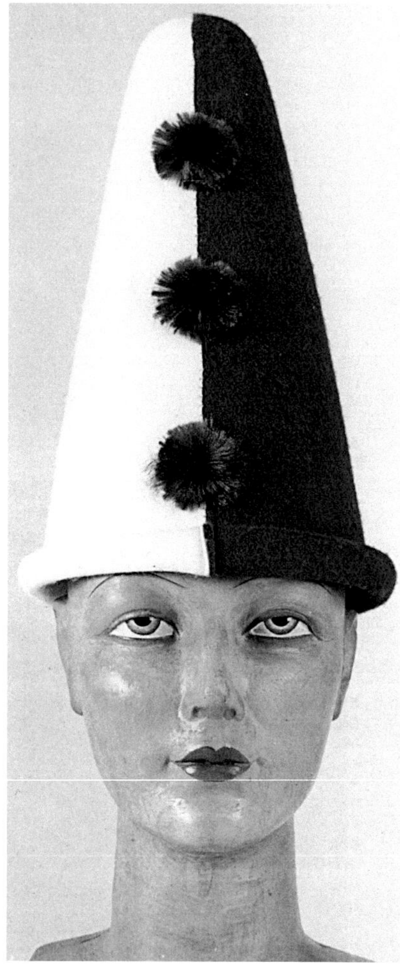

Abb. 5: Clownmütze, München, 1982

●● **Clownmütze** (OB Kopfbedeckung)
Die Clownmütze ist eine hohe kegelförmige und steife Kopfbedeckung mit oder ohne Krempe, oft zweifarbig und mit Bommeln auf der Vorderseite. (Abb. 5)
Syn.: Clownsmütze, Pierrot

●● **Cornette***

●● **Diadem** (OB Kopfbedeckung)
Das Diadem [griechisch = Binde] ist ein hinten offener Stirnreif, der in der Stirnmitte besonders geschmückt oder verbreitert ist. Es besteht aus unterschiedlichen, zumeist wertvollen Materialien. (Abb. 6)

Wir finden im Anfange dieses Jahrhunderts die Frauen mit dem Haarputz der Faustina, das heißt, aufgewundenen Flechten oder großen liegenden, mit Perlen und Geschmeide durchzogenen Locken, die auf dem Wirbel zusammengestochen waren und sich mehr nach hinterwärts herabneigten, fast wie der griechische Knoten, doch voller, höher, römischer. Hierzu gehörte ein Diadem von Perlen oder

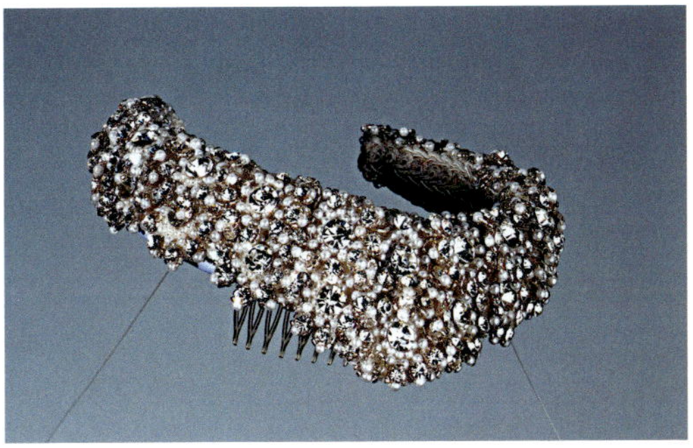

Abb. 6: Diadem, getragen anlässlich der Eröffnung des Schweizerischen Botschaftsgebäudes, Berlin, Mai 2001

Steinen, zuweilen thürmte sich hinter diesem eine Blätter- oder Blumenkrone; ebenso das egyptische Schleiertuch, in der Form, wie es die Sphinxsköpfe umwindet.

Caroline de la Motte Fouqué: Geschichte der Moden 1785–1829. Als Beitrag zur Geschichte der Zeit. Nach dem Original von 1829–30 herausgegeben und mit einem Nachwort versehen von Dorothea Böck. Berlin 1988, S. 74

●● **Dormeuse***

●● **Duttkissen** (OB Kopfbedeckung)
Das Duttkissen besteht aus unterschiedlichen Materialien wie Echthaar, Werg oder Kunststoff. Es unterpolstert unsichtbar einen Dutt oder unterlegt hoch aufgetürmte Frisuren. (Abb. 7)
Syn.: Duttpolster, Haarwulst, Knotenkissen, Knotenpolster, Pouf (Kopfbedeckung), Sockendutt, Sockenkissen

[...] ein von Leinwand mit Baumwolle, Flachs, Werg oder Haaren derb ausgestopfter Wulst oder halber Umfang, mit Draht auf beyden Seiten eingebogen, worüber das Frauenzimmer bey dem Umbinden und Aufsetzen sich die Haarpüffe oder die langen Nackenhaare aufziehen und schlagen läßt

Aus dem Artikel »Haar-Wulst.« In: Johann Georg Krünitz, Oekonomische Encyklopädie, oder allgemeines System der Staats= Stadt= Haus= u. Landwirthschaft in alphabetischer Ordnung. Bd. 20, Berlin 1780, S. 547

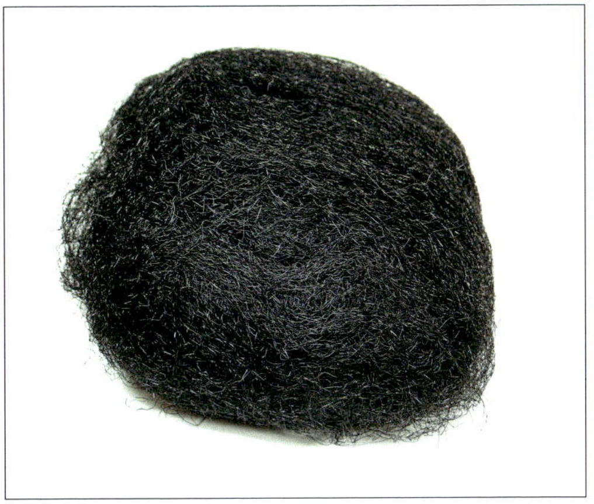

Abb. 7: Duttkissen, 2012

●●● **Duttring** (OB Duttkissen)
Der Duttring ist ein wulstförmiger Ring, mit dessen Hilfe ein Dutt aufgebaut wird. (Abb. 8)
Syn.: Knotenring, Rouleau (Kopfbedeckung) [französisch le rouleau = Rolle]

●● **Fallhut** (OB Kopfbedeckung)
Der Fallhut besteht aus einem gepolsterten, fest um den Kopf gepressten Wulst. In der Regel ist er mit Bändern, die kreuzweise über den Kopf laufen, stabilisiert. Der Fallhut ist zumeist mit einem Kinnriemen versehen. Fehlen die über den Kopf geführten Bänder, nennt man ihn Sturzring.

Abb. 8: Duttring, 2012

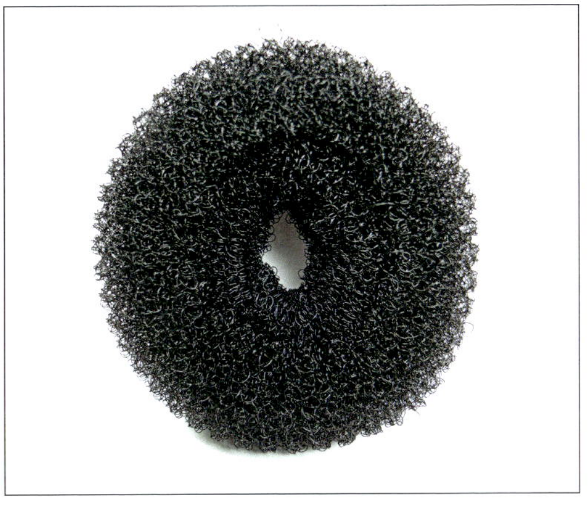

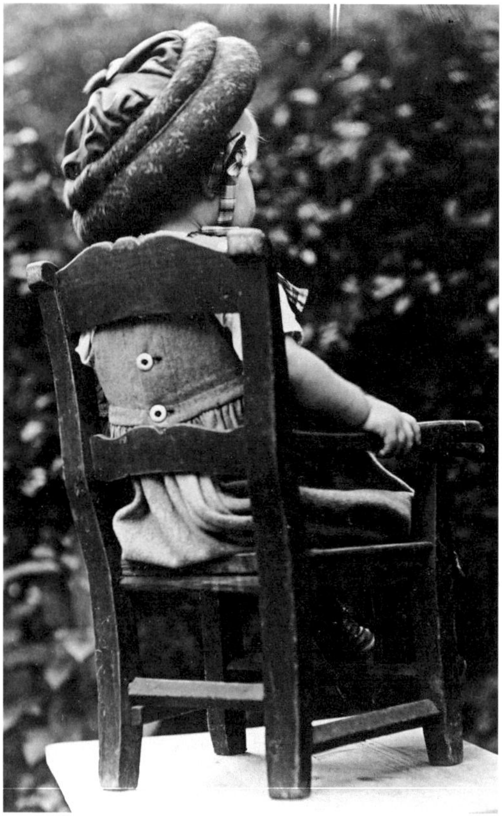

Abb. 9: Kleinkind mit Fallhut, Westmünsterland, um 1900

Der Fallhut schützt den Kopf bei Stößen und Stürzen. Vom 16. bis zum 18. Jahrhundert gehört er zur Kleiderausstattung von Kindern im Lauflernalter. (Abb. 9)
Syn.: Epileptikerhelm, Fallkappe, Kopfschutzhelm, Sturzkappe, Sturzring

Nana war so weiß und wohlgeformt, so natürlich in dieser an Hüfte und Mundwerk starken Figur, daß sie sofort den ganzen Saal für sich einnahm. Man vergaß neben ihr vollständig Rosa Mignon, ein reizendes Kindchen in Fallhut und kurzem Musselinkleid, das die Klagen der Diana in rührendem Tone vortrug.

Émile Zola: Nana. Berlin, Wien 1923, S. 30

●● **Falsches Haarteil** (OB Kopfbedeckung)
Falsche Haarteile gibt es in unterschiedlichen Formen. Sie bestehen aus Echt- oder Kunsthaar.

Falsche Haarteile werden benutzt, um Frisuren fülliger oder länger erscheinen zu lassen.
Syn.: Ersatzhaar, Falscher Wilhelm, Haarteil

Eine feine, zierliche Taille ist graziös, aber die wespenartig zusammengeschnürte, erkünstelte ist unnatürlich und im höchsten Grade ungesund, kein Poudre de riz bringt den Schmelz der Jugend auf ein Antlitz, und die zu hohen Türmen aufgesteckten falschen Haarzöpfe machen einen widerwärtigen Eindruck.

Clara Ernst: Der Jungfrau feines und taktvolles Benehmen im häuslichen, gesellschaftlichen und öffentlichen Leben. 1. Aufl. Mülheim 1884, 3. Aufl., o. J., S. 75

●● **Flinderhaube***

●● **Haarbeutel** (OB Kopfbedeckung)
Der Haarbeutel besteht aus Taft oder gummiertem Seidenstoff und Bändern; zumeist ist er unten breiter als oben.

Seit Ende des 17. Jahrhunderts dient er durch Einbinden des zusammengelegten Haarzopfes oder des Hinterkopfhaares einer Perücke als Schutz der Oberkleidung gegen Puder. Zwischen ca. 1725 und 1785 ist er Teil der modischen Männerfrisuren. (Abb. 10)
Syn.: Bourse [um 1730], Haarsack

Rathet, liebe Leser, / was hab' ich im Sinn? / Einer trägt's am Kopf, / ein Andrer hat's darin.

Johann Peter Hebel (1760–1826): J. P. Hebel's sämmtliche Werke. Zweiter Band. Alemannische und hochdeutsche Gedichte II. Carlsruhe 1838, S. 234; Lösung des Rätsels: Haarbeutel – der zweite bezieht sich auf den Haarbeutel, den man sich antrinkt. Siehe dazu Wilhelm Busch: Die Haarbeutel. 1878

●● **Haarnetz** (OB Kopfbedeckung)
Das Haarnetz ist entweder ein gitterartiges Netz oder ein durchbrochen gewirkter Beutel. Es umschließt einen Teil der Frisur oder das komplette Haar.

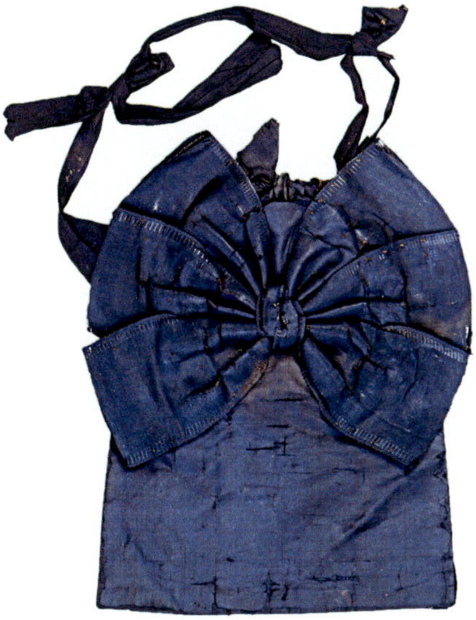

Abb. 10: Haarbeutel, um 1770

Im Spätmittelalter sind viele Haarnetze aus Goldfaden gearbeitet, in der Renaissancezeit werden sie mit Perlen und Edelsteinen verziert. Mit dem Aufkommen des Nackenknotens um 1860 sowie dann wieder in den späten 1930er Jahren sind sie erneut schmückender Kopfputz. Die rein zweckmäßigen Haarnetze haben einen eng anliegenden Rand. Sie halten unsichtbar die Frisur zusammen und sind aus Haar oder Kunstfasern hergestellt.

Aufgrund des Haarnetzerlasses sind langhaarige Bundeswehrsoldaten von 1971 bis 1972 verpflichtet, Haarnetze zu tragen. (Abb. 11)
Syn.: Filetkapp [französisch le filet = Netz]

●● **Haarschmuck*** (OB Kopfbedeckung)

●●● **Aigrette (Haarschmuck*)** (OB Haarschmuck*)
Die Aigrette [französisch l'aigrette = Silberreiher, Reiherbusch] ist ein büschel- oder bouquetartiger Haarschmuck aus Federn, aber auch aus Edelsteinen, Perlen oder Glas.

Als eigenständiger Haarschmuck ist sie Teil der Empire-Mode Anfang des 19. Jahrhunderts und der Art-Déco-Mode in den ersten Jahrzehnten des 20. Jahrhunderts.

Nicht gemeint sind hier der Helm- oder Hutschmuck und die Schmucknadel.

●●● **Fascinator***

●●● **Haarband** (OB Haarschmuck*)
Das Haarband ist ein offenes oder ein ringförmig geschlossenes Band, zumeist aus textilem oder elastischem Material. Länge und Breite variieren. Das offene Band kann mit einem Verschluss versehen sein.

Im Gegensatz zum Haargummi umschließt das Haarband einen Teil des Kopfes und dient in der Regel dazu, die Haare zurückzuhalten. Es kann auch rein dekorative Funktion haben. (Abb. 12)
Syn.: Haarbinde

Abb. 11: Frau mit Haarnetz, Albersloh (Kreis Warendorf), 1952

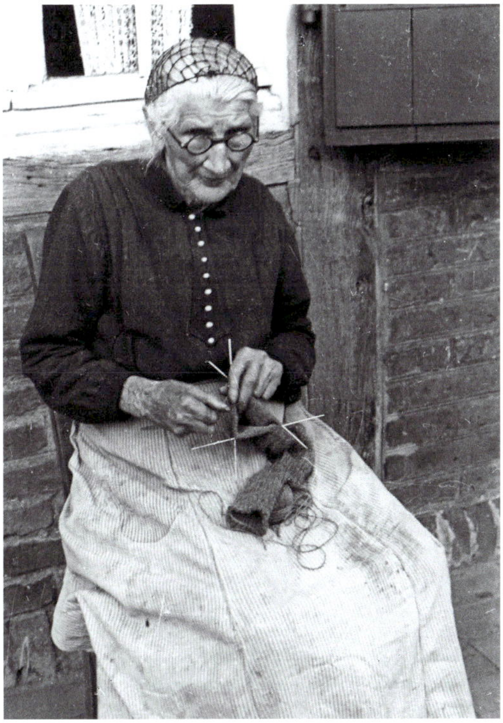

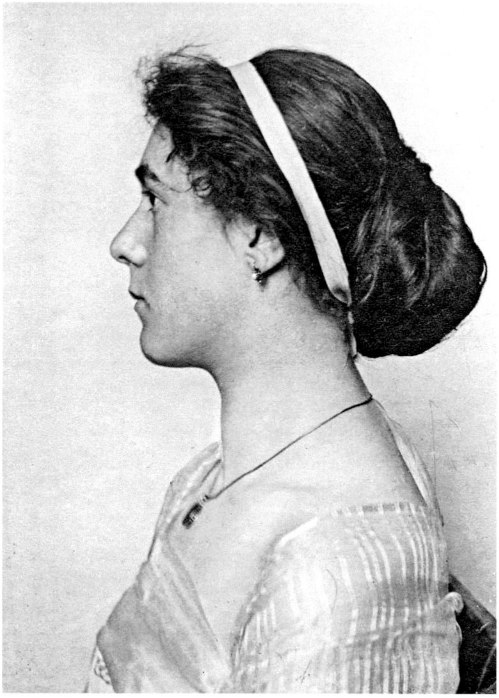

Abb. 12: Frau mit Haarband, Wien, 1902

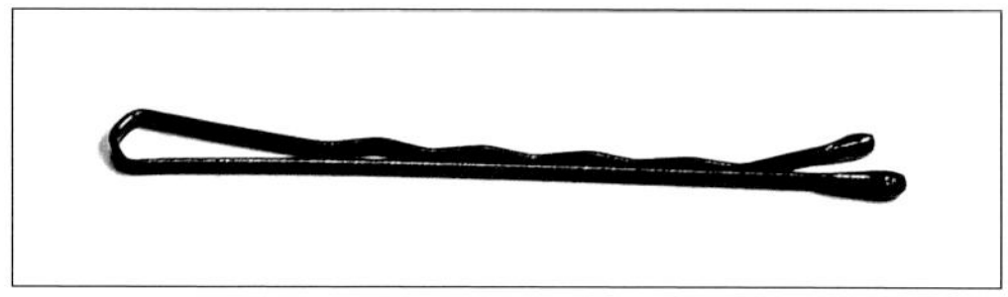

Abb. 13: Haarklammer, 2006

Und ich badete dich mit Wasser und wusch dich von all deinem Blut und salbte dich mit Öl und kleidete dich mit bunten Kleidern und zog dir Schuhe von feinem Leder an. Ich gab dir einen Kopfbund aus kostbarer Leinwand und hüllte dich in seidene Schleier und schmückte dich mit Kleinoden und legte dir Spangen an deine Arme und eine Kette um deinen Hals […]

Der Prophet Hesekiel. Hesekiel 16, 9–11. In: Die Bibel oder die ganze Heilige Schrift. Nach der deutschen Übersetzung Martin Luthers. Wien 1972, S. 755

●●● **Haargummi** (OB Haarschmuck*)
Der Haargummi ist ein ringförmiges Band aus elastischem Material, das mit textilem Gewebe ummantelt sein kann. Durchmesser und Dicke variieren. Oft sind Schmuckelemente angebracht.

Im Gegensatz zum Haarband, das einen Teil des Kopfes umschließt, fasst der Haargummi nur ein Büschel Haare zusammen.
Syn.: Zopfabbinder, Zopfgummi

●●● **Haarklammer** (OB Haarschmuck*)
Die Haarklammer ist eng U-förmig gebogen und hat stumpfe Enden. (Abb. 13)
Syn.: Bobby Pin, Haarclip, Haarklemme, Haarschieber

●●● **Haarnadel** (OB Haarschmuck*)
Die Haarnadel ist offen U-förmig gebogen und wellenförmig oder geradlinig gearbeitet und hat meist stumpfe Spitzen. Sie kann aus unterschiedlichen Materialien hergestellt und mit Zierelementen versehen sein.

Sie dient zum Aufstecken und/oder Festhalten von Frisuren oder Accessoires. (Abb. 14)

Abb. 14: Mädchen mit Haarnadel, Dortmund, um 1890

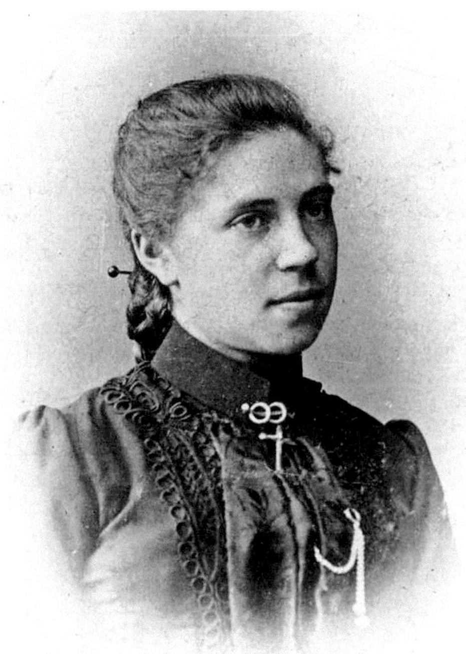

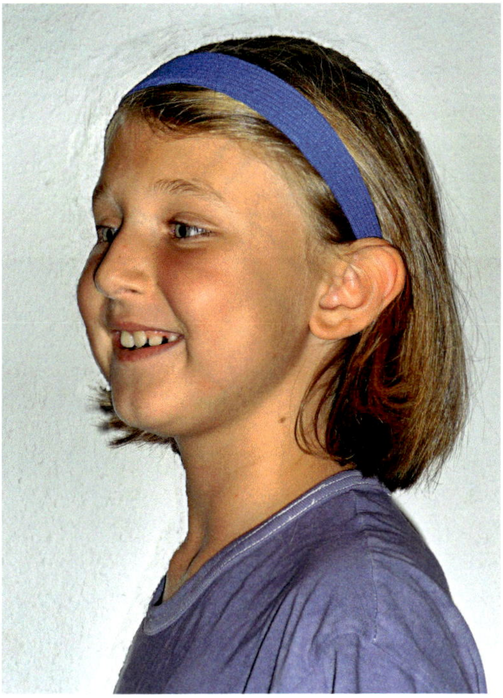

Abb. 15: *Mädchen mit Haarreifen, 2012*

Syn.: Guêpe [französisch la guêpe = Wespe], Haarpfeil, Haarstab, Rundstabnadel

So sah man die gefeiertsten Heldinnen des Tages in weißem, oder doch einfarbigem, ganz ungarnirten Kleide, mit goldnem Gürtel und einen Pfeil von gleichem Metall durch das aufgewundene Haar gesteckt, auf Bällen den Preis des guten Geschmackes davon tragen.

Caroline de la Motte Fouqué: Geschichte der Moden 1785–1829. [...] Berlin 1988, S. 48

●●● **Haarreifen** (OB Haarschmuck*)
Der Haarreifen ist in der Regel bügel-, seltener ringförmig und aus biegsamem federndem Material gearbeitet. (Abb. 15)
Syn.: Aliceband [benannt nach Alice aus Lewis Carroll: Alice's Adventures in Wonderland, 1865], Haarreif

●●● **Haarspange** (OB Haarschmuck*)

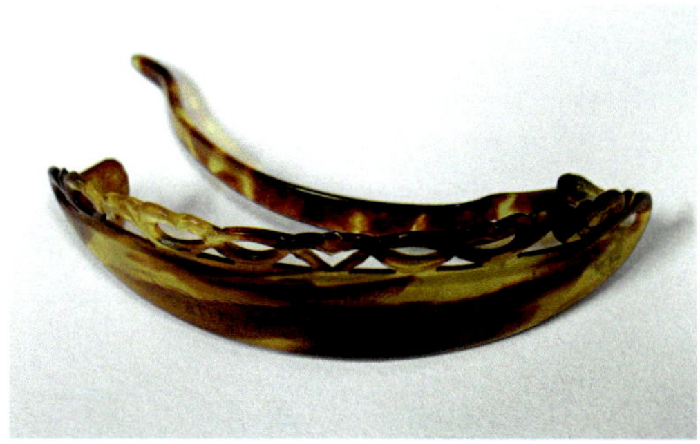

Abb. 16: Haarspange aus Horn, um 1900

Die Haarspange besteht aus einer Nadel oder einem Gummiring sowie einem bügelförmigen oder einem flächigen Oberteil. Dieses ist oft als Schmuckelement ausgearbeitet. Nadel und Oberteil können durch ein Scharnier verbunden sein. (Abb. 16)
Syn.: Bananenspange, Krebsspange (Haarspange), Libelle (Haarspange), Patentspange, Zopfspange

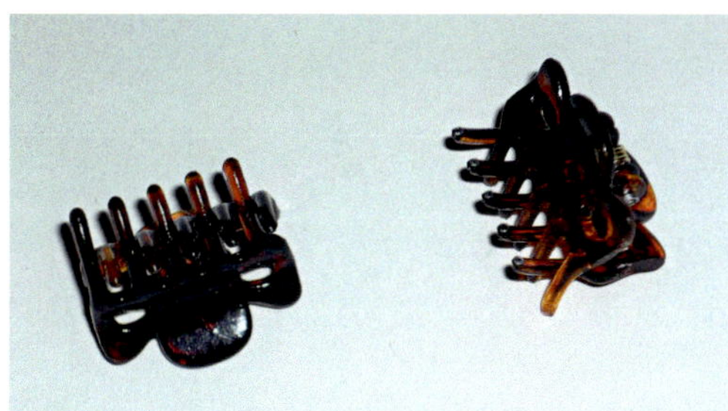

Abb. 17: Krallenspangen, 2011

●●● **Krallenspange** (OB Haarschmuck*)
Die Krallenspange besteht aus zwei mit einem Scharnier verbundenen Teilen, die krallenförmig ineinandergreifen. Das Scharnier kann mit einer Feder versehen sein. (Abb. 17)
Syn.: Krebsspange (Krallenspange), Schmetterlingsspange, Scunci

●●● **Steckkamm** (OB Haarschmuck*)
Der Steckkamm hat längere Zinken als ein Frisierkamm. Er ist in der Regel jedoch nicht so breit, oft

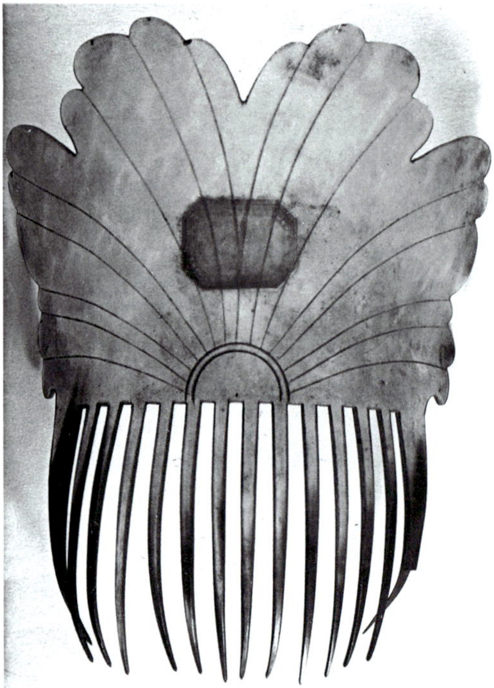

Abb. 18: Steckkamm aus grau-gelbem Horn, Anfang 19. Jhd.

gebogen und mit Schmuckelementen versehen. (Abb. 18)
Syn.: Einsteckkamm, Haargabel, Schmuckkamm, Zierkamm

Nachdem die Frau Königin erfuhr, daß ihr Töchterlein wieder lebendig geworden wäre, so konnte sie doch nicht ruhen u. kam wieder in verstellter Kleidung vor das Haüschen u. wollte dem Schneeweißchen einen prächtigen Kamm verkaufen. Da ihm nun der selbe Kamm gar zu wohl gefiel, so ließ es sich verleiten u. schloß die Thüre auf, und die Alte trat herein u. fing an, in seinen gelben Haaren zu kämmen u. ließ den Kamm stecken, bis es wie todt hinsank.

Brüder Grimm: Kinder- und Hausmärchen. Die handschriftliche Urfassung von 1810. Herausgegeben und kommentiert von Heinz Röllecke. Stuttgart 2007, S. 77–78

●● **Haube***

●● **Helm** (OB Kopfbedeckung)
Der Helm ist eine formstabile, schlag- und stoßfeste, den Kopf ganz oder teilweise umschließende Kopfbedeckung mit schützender oder auch repräsentativer Funktion. Hergestellt wird er in der Regel aus festem Leder, Metall oder Kunststoff.

Seit der Antike bis in die Mitte des 19. Jahrhunderts ist der Helm vorwiegend dem militärischen Bereich vorbehalten. Ab dieser Zeit wird der Helm auch von Polizei und Feuerwehr sowie im Sport genutzt.

Seit dem 20. Jahrhundert nimmt vor dem Hintergrund gestiegenen Risikobewusstseins, verschärfter gesetzlicher Schutzbestimmungen und optimierter werkstoff- und verfahrenstechnischer Möglichkeiten die Diversifizierung der Helme nach Formen und Materialien besonders im Sport und im Arbeitsleben sprunghaft zu.

Ob wir rote, gelbe Kragen, / Helme oder Hüte tragen, / Stiefel tragen oder Schuh', / oder ob wir Röcke nähen / und zu Schuhe Drähte drehen, / das tut, das tut nichts dazu.

Bürgerlied, um 1845. Aus: die mundorgel. 2. Aufl., Waldbröl 1984, Lied 123

●●● **Arbeitsschutzhelm** (OB Helm)
Der Arbeitsschutzhelm besitzt einen äußeren Teil aus hartem Werkstoff, der einwirkende Kräfte aufnimmt und in die Innenausstattung verteilt, durch die sie gedämpft werden. Die Helmschale kann

Abb. 19: Arbeitsschutzhelme, 2013

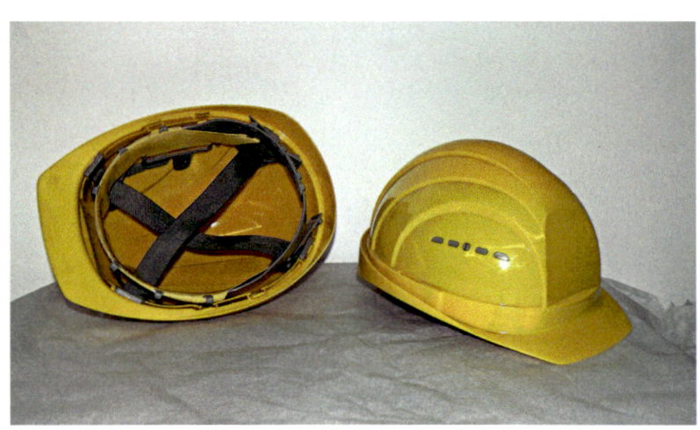

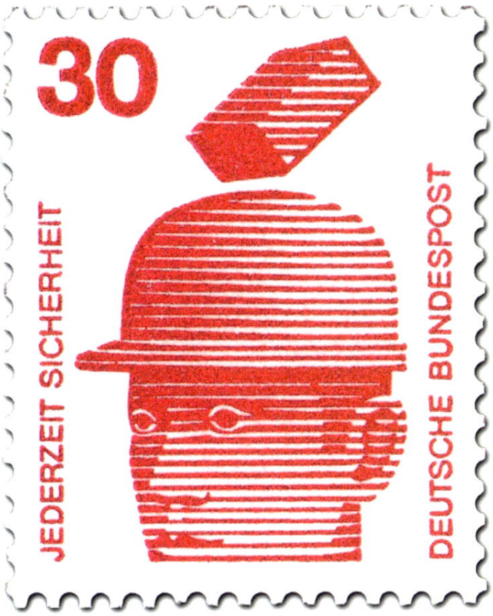

Abb. 20: Arbeitsschutzhelm, Briefmarke aus der Serie Unfallverhütung der Deutschen Bundespost, Erstausgabe 1972

unterschiedlich geformt sein, zum Beispiel mit breitem umlaufendem Rand, mit Regenrinne, mit Schirm oder mit heruntergezogenem Nackenteil.

An den Arbeitsschutzhelm können Teile angefügt werden: Kinnriemen, Leuchten, Visier, Nackenschutz etc.

Verschärfte Arbeitsschutzbestimmungen haben im 20. Jahrhundert zu einer Fülle tätigkeitsspezifischer Formen geführt. (Abb. 19, 20)
Syn.: Arbeitshelm, Bauhelm, Industrieanstoßkappe, Industrieschutzhelm

●●● **Armet** (OB Helm)
Der Armet hat eine eng anliegende Helmglocke und ein spitz vorgetriebenes Visier. An der Helmglocke befinden sich an Scharnieren angehängte breite Backenstücke, die sich vorn zum zweiteiligen Kinnreff schließen lassen; im Nackenbereich ist eine runde Stielscheibe angebracht.

Der Armet entsteht Ende des 14. Jahrhunderts aus der Beckenhaube. (Abb. 21)
Syn.: Elmetto, Grand Bacinet

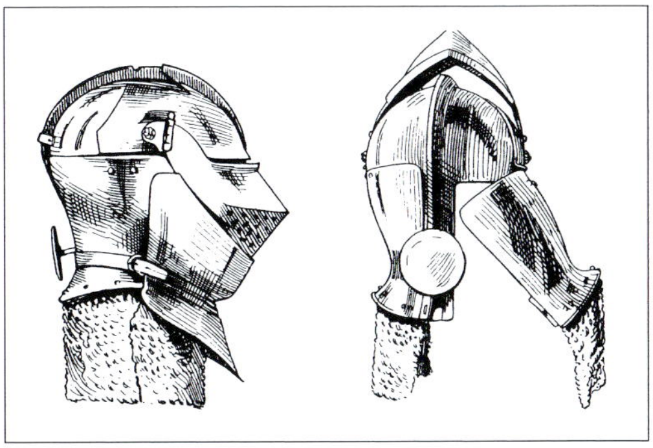

Abb. 21: Armet, 1490

●●● **Barbuta** (OB Helm)
Die Barbuta ist ein den Kopf und Hals vollständig umfassender Helm. Kennzeichnend ist der T- oder Y-förmige Gesichtsausschnitt. Bisweilen hat sie einen Nasenschutz, wodurch sie eine Ähnlichkeit zum Korinthischen Helm aufweist.

Die Barbuta wird erstmals 1340 in Mailand genannt und ist bis etwa 1500 in Gebrauch. (Abb. 22)
Syn.: Celata (Barbuta)

Dem Schelm gehört kein Helm.
Deutsches Sprichwort

Abb. 22: Barbuta, Mitte 15. Jhd.

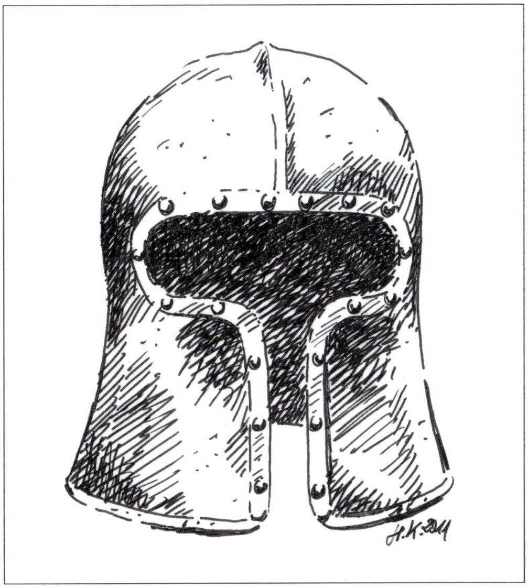

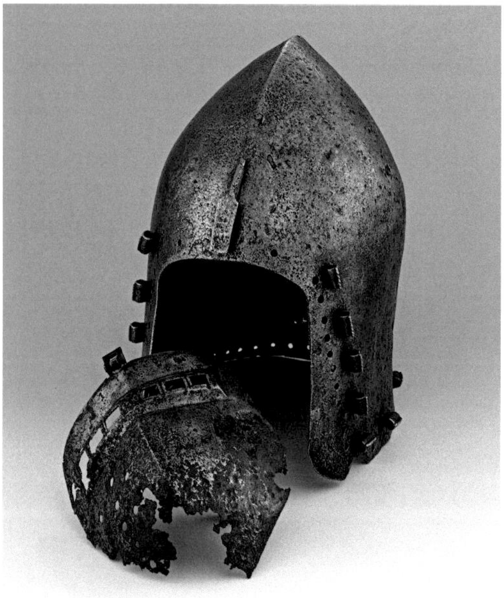

Abb. 23: Beckenhaube, um 1370

●●● **Beckenhaube** (OB Helm)
Die Beckenhaube hat eine spitz hochgezogene Helmglocke, die mit Ausnahme der Gesichtspartie den ganzen Kopf umschließt. Zum Schutz des Halses/Nackens ist ein Panzergeflechtkragen, die Brünne, mit Scharnier am Helmrand befestigt. Nasenschienen sind mit der Brünne verbunden und können nach oben geschoben oder geklappt werden.

Die Beckenhaube wird vom 13. bis ins 15. Jahrhundert getragen. (Abb. 23)
Syn.: Kesselhaube

●●● **Birnhelm** (OB Helm)
Der Birnhelm hat eine hohe Helmglocke und eine flache Krempe. Zuweilen ist die Scheitelspitze nach hinten gekrümmt und es können Wangenklappen vorhanden sein.

Der Birnhelm wird vom 15. bis ins frühe 17. Jahrhundert getragen. (Abb. 24)
Syn.: Birnenhelm, Cabasset, Capacete

Abb. 24: Birnhelm, deutsch, 16. Jhd.

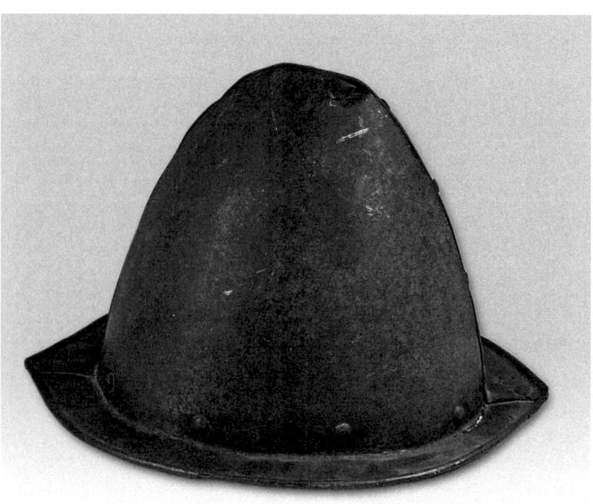

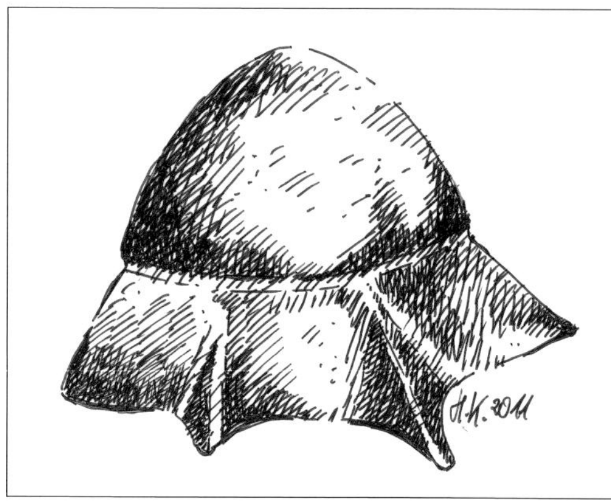

Abb. 25: Böotischer Helm

●●● **Böotischer Helm** (OB Helm)
Der Böotische Helm hat eine faltig geschmiedete Krempe und eine hohe Helmglocke.

Benannt ist er nach dem griechischen Stamm der Böotier; er wird von Reiterkriegern der Antike getragen. (Abb. 25)
Syn.: Boiotischer Helm

Schon im höchsten Alterthum kommen Helme vor. Die der Griechen und Römer waren von Leder oder Erz, bedeckten das Haupt und schirmten das Gesicht nur durch eine kleine, über die Stirn vorragende Decke und bei den Römern die Backen durch Seitenblätter.

Brockhaus Bilder-Conversations-Lexikon,
Bd. 2, Leipzig 1838, S. 371

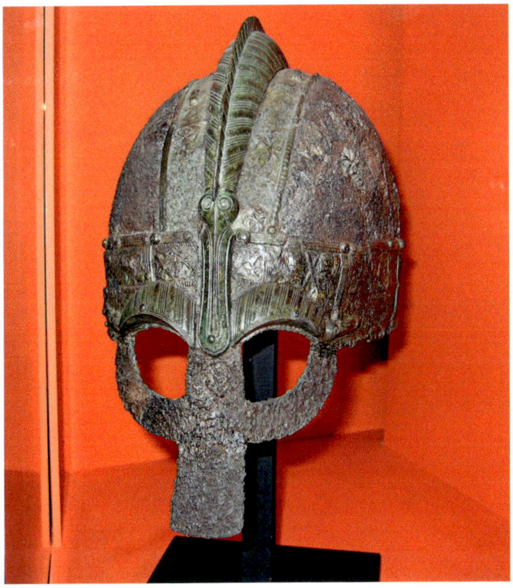

Abb. 26: Brillenhelm, Skandinavien, Vendelzeit (6.–11. Jhd.)

●●● **Brillenhelm** (OB Helm)
Der Brillenhelm ist ein Helm, der mit einem brillenförmigen metallenen Augenschutz versehen ist.

Er wird vorwiegend in Nordeuropa vom 6. bis zum 9. Jahrhundert getragen. (Abb. 26)

Abb. 27: Spätrömischer Bügelhelm, 4. Jhd.

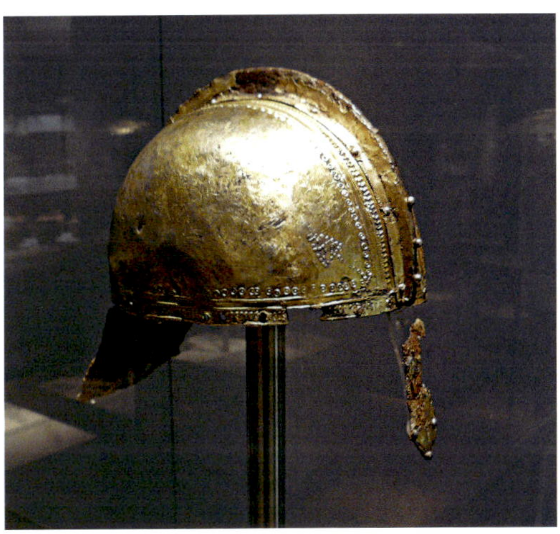

●●● **Bügelhelm** (OB Helm)
Der halbkugelförmige Bügelhelm besteht aus zwei getriebenen Blechen, die in der Mitte des Helmes von einem metallenen Streifen, dem Bügel, zusammengehalten werden. Dieser verläuft vom Hinterkopf bis in die Stirn.

Auf dem Bügel kann ein Kamm montiert sein. Zudem kann der Bügelhelm durch Nasen-, Wangen- und Nackenschutz erweitert werden.

Der Bügelhelm ist ursprünglich ein persischer Helmtypus der Antike, der bis ins Frühmittelalter getragen wird. (Abb. 27)
Syn.: Kammhelm

●●● **Eisenhut** (OB Helm)
Der Eisenhut ist ein schlichter Helm mit niedriger Helmglocke und breiter Krempe.

Er wird im 14. und 15. Jahrhundert getragen. (Abb. 28)
Syn.: Eisenkappe

Abb. 28: Eisenhut, Epitaph von Albrecht Bach, gest. 1441, Morizkirche, Coburg

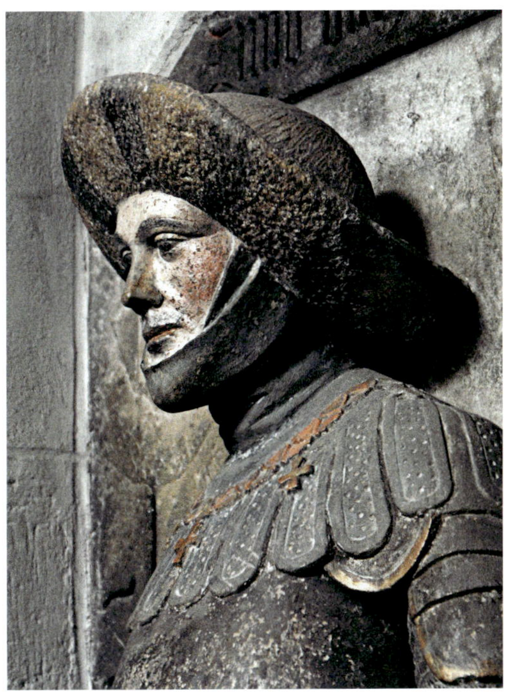

An dem langen Spieß, den er geschultert hatte, schleppte er eine Last, die man auf einen Zentner und darüber schätzen konnte: den Eisenhut, die Brustplatten und Armschienen, den braunen Gugelmantel und dazu das dicke, stramm gedrosselte Lederbündel seiner Kriegsmannshabe. Einen schwächlichen Menschen hätte solche Last erdrückt.

Ludwig Ganghofer: Der Ochsenkrieg. Berlin u. a. 1959, S. 3

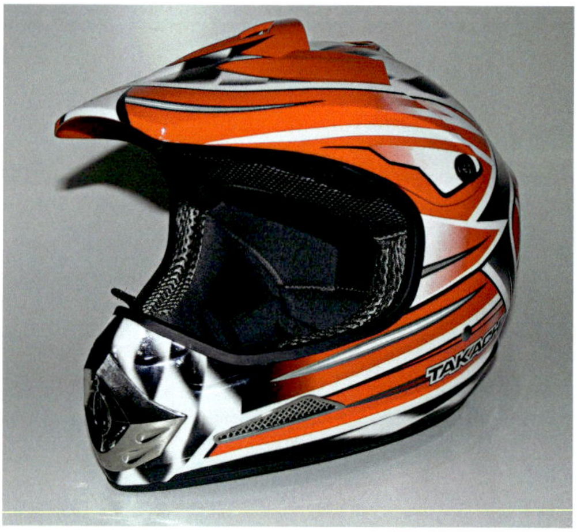

Abb. 29: Endurohelm, 2010

●●● **Endurohelm** (OB Helm)

Der Endurohelm [Enduro zusammengesetzt englisch endurance = Ausdauer und spanisch duro = hart] umschließt den gesamten Hinterkopf und läuft spitz in einer festen Kinnpartie aus. Er hat kein Visier.

Der Endurohelm wird seit der zweiten Hälfte des 20. Jahrhunderts in Rennsportarten getragen, um vor hochspritzendem Schlamm zu schützen. (Abb. 29)

Syn.: BMX-Helm [BMX = Bicycle Moto Cross], Motocrosshelm

●●● **Fechtmaske** (OB Helm)

Der Gesichtsbereich der Maske besteht aus Drahtgeflecht oder durchsichtigem Kunststoff; unten ist in der Regel daran ein Maskenlatz aus textilem Stoff, Leder oder Kunststoff angebracht.

Die Fechtmaske schützt Gesicht, Stirn und vorderen Halsbereich.

Im 18. Jahrhundert entwickelt, setzt sie sich mit der Etablierung des Fechtsports im 19. Jahrhundert durch. Im akademischen Fechten wird sie getragen, wenn mit stumpfen Waffen gekämpft wird. (Abb. 30)

Syn.: Fechthelm, Paukhelm, Paukmaske

●●● **Feuerwehrhelm** (OB Helm)

Der Feuerwehrhelm existiert in unterschiedlichen Formen.

In Deutschland bestehen die Helme des 19. und frühen 20. Jahrhunderts aus Leder und/oder Metall; sie haben Kamm, Schild und Nackenschutz.

In der Folge des Zweiten Weltkriegs setzt sich die Form des Wehrmachtsstahlhelms Typ 1934 durch, ergänzt um Kamm und Nackenschutz.

Seit Ende des 20. Jahrhunderts werden krempenlose leichtere Helme mit Visier und Anbringungsmöglichkeiten für diverse Zusatzteile (Leuchte, Sprechfunk etc.) eingesetzt. (Abb. 31)

Abb. 30: Fechtmaske, 1. Hälfte 1970er Jahre

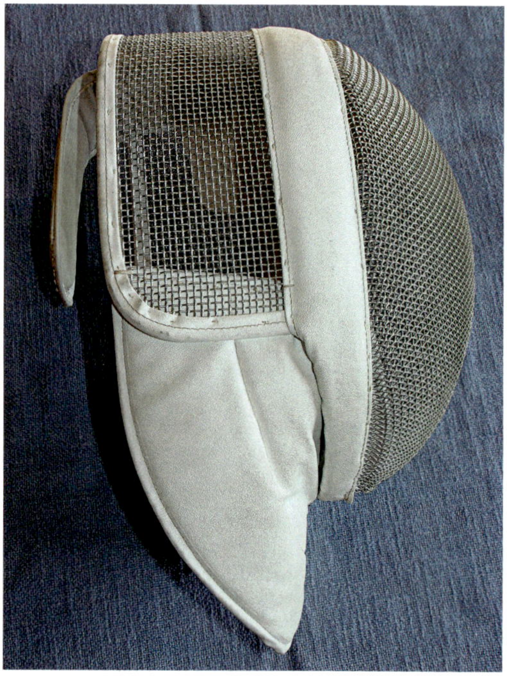

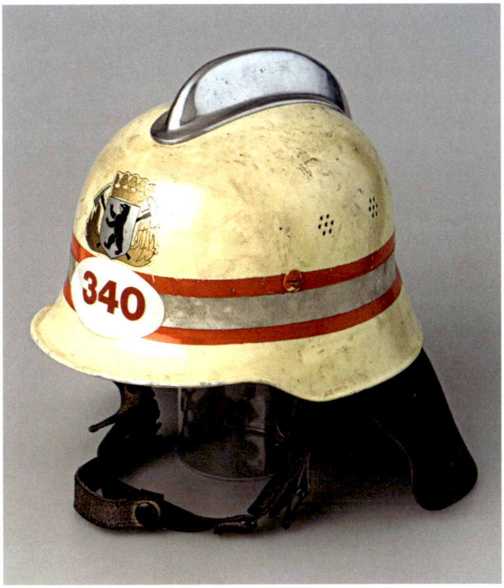

Abb. 31: Helm der Berliner Feuerwehr, 1983–1989

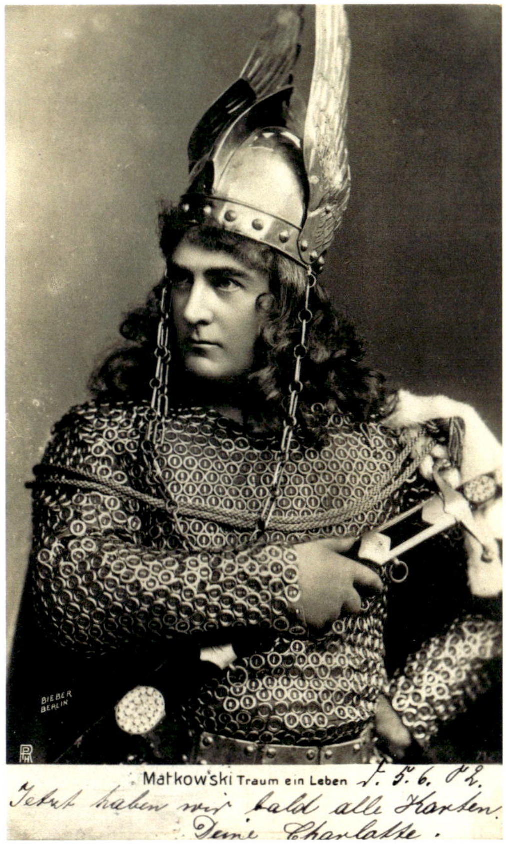

Abb. 32: Schauspieler Adalbert Matkowsky (1857–1909) mit Flügelhelm, Postkarte, 1902

●●● **Flügelhelm** (OB Helm)

Der Flügelhelm ist ein Helm, an dessen Seiten stilisierte Tierflügel angebracht sind.

Diese Form des Helms erscheint oft in antiken und antikisierenden Darstellungen von Göttern und Göttinnen. So wird der griechische Gott Hermes [lateinisch = Mercurius] mit Flügelhelm dargestellt. Auch Roma, die Stadtgöttin Roms, trägt auf Münzen einen Flügelhelm.

Seit dem 19. Jahrhundert tauchen Flügelhelme vermehrt in der Darstellung von Germanen, Galliern und Wikingern auf. (Abb. 32)

Merkur, Hermes. [...] Seine Attribute sind die Flügelmütze, der Caduceus, ein Stab mit Flügeln, um welchen sich zwei Schlangen winden, und die Pedilen, Flügelschuhe oder Sohlen.

Damen Conversations Lexikon, Bd. 7, 1836, S. 195

●●● **Grubenhelm***

●●● **Gugel (Helm)***

●●● **Halbschale** (OB Helm)

Die Halbschale umschließt den oberen Teil des Kopfes. Sie besteht hauptsächlich aus Metall, Leder oder Kunststoff. Sie kann innen gepolstert und zur besseren Belüftung durchbrochen sein. Zumeist hat sie einen Kinnriemen, zuweilen ist sie mit einem Schirm versehen.

Als mittelalterliche Hirnhaube ist die Halbschale eine einfache halbrund gewölbte Eisenkappe; sie wird unter dem Topfhelm oder über beziehungsweise unter der Panzerkapuze getragen.

Bei Motorradfahrern löst die Halbschale, ein halbkugelförmiger Helm, in den 1920er Jahren die Lederkappe ab. Die anfangs ledernen Halbkugeln werden zuweilen durch einen über Kreuz aufgenähten Lederwulst verstärkt. Das Futter der Halb-

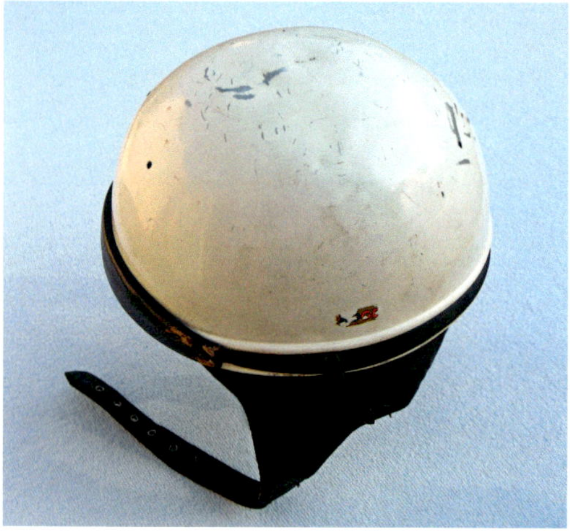

Abb. 33: Halbschale, 1960er Jahre

schale setzt sich fort in Klappen zum Schutz der Ohren und der Wangen und läuft in den Kinnriemen aus. (Abb. 33)
Syn.: Braincap, Halbhelm

●●●● **Bergsteigerhelm***

●●●● **Fahrradhelm***

●●●● **Gupfe***

●●●● **Häubel***

●●●● **Hirnhaube***

●●●● **Jockeyhelm***

●●●● **Jockeymütze***

●●●● **Militaryhelm***

●●●● **Pilotenhelm***

●●●● **Polohelm***

●●●● **Reiterhelm***

●●●● **Reithelm***

●●●● **Reitkappe***

●●●● **Velohelm***

●●● **Hörnerhelm** (OB Helm)
Der Hörnerhelm besitzt zwei seitlich abstehende Hörner oder hornförmige Fortsätze.

Dieser Helmtypus wird seit dem 19. Jahrhundert als Theaterkleidung und heute oftmals bei Wikingerdarstellungen verwendet. (Abb. 34)
Syn.: Wikingerhelm

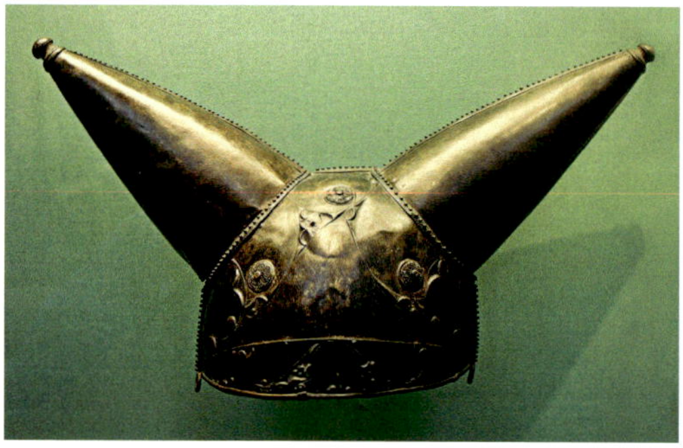

Abb. 34: Keltischer Hörnerhelm, 150–50 v. Chr.

●●● **Hundsgugel** (OB Helm)
Die Hundsgugel hat ein langes, spitz nach vorn zulaufendes Visier, das an Scharnieren befestigt ist. Auch die Helmglocke läuft spitz zu.

Abb. 35: Hundsgugel, Anfang 15. Jhd.

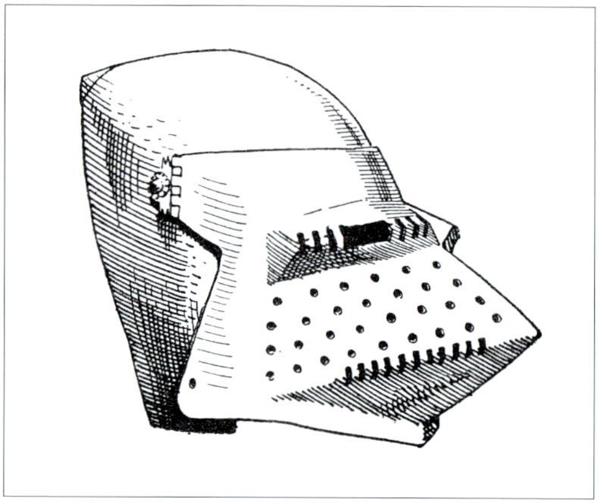

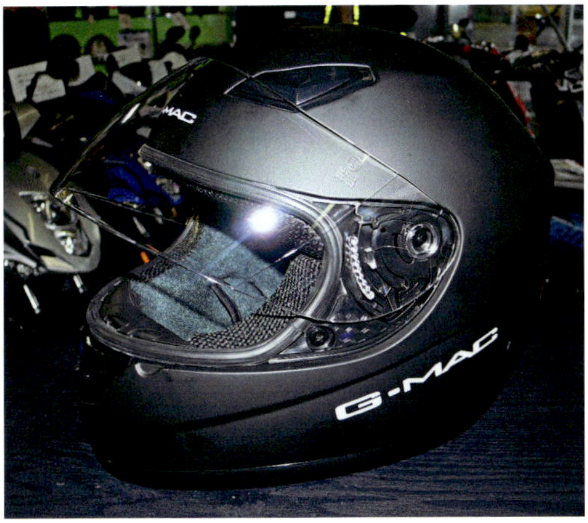

Abb. 36: Integralhelm, 2010

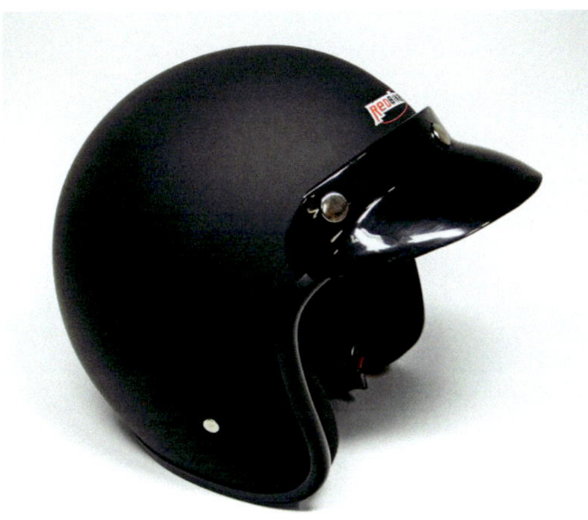

Abb. 37: Jethelm, 2010

Sie wird ab etwa 1360 bis um 1430 getragen. (Abb. 35)
Syn.: Schnauzenvisier

Die Tugend führt einen offenen Helm, sie lässt sich nicht verbergen.
Deutsches Sprichwort

●●● **Integralhelm** (OB Helm)
Der Integralhelm umschließt den ganzen Kopf, besitzt eine feste Kinnpartie und hat ein den gesamten Gesichtsausschnitt dicht abschließendes Klappvisier.

Der Integralhelm wird seit der zweiten Hälfte des 20. Jahrhunderts in verschiedenen Rennsportarten getragen. (Abb. 36)
Syn.: Vollvisierhelm

●●● **Jethelm** (OB Helm)
Der Jethelm umschließt den Kopf mit Ausnahme der Kinnpartie und besitzt entweder einen Sonnenschild oder ein tiefgezogenes Visier.

In Motorradkreisen ist der Jethelm seit der zweiten Hälfte des 20. Jahrhunderts besonders bei Chopperfahrern beliebt. (Abb. 37)
Syn.: Fliegerhelm, Skihelm

●●● **Kassidion** (OB Helm)
Der Kassidion ist entweder rund gewölbt oder spitz konisch zulaufend. Er wird mit einer Harnischhaube getragen und mit einem Kinnriemen am Kopf befestigt.

Er kann durch einen Ohren-, Nacken- oder Gesichtsschutz erweitert werden.

Der Kassidion ist während des gesamten Mittelalters im byzantinischen Bereich gebräuchlich. (Abb. 38)
Syn.: Kasidion

Abb. 38: Kassidion mit herabhängendem Kettengeflecht, 6.–11. Jhd.

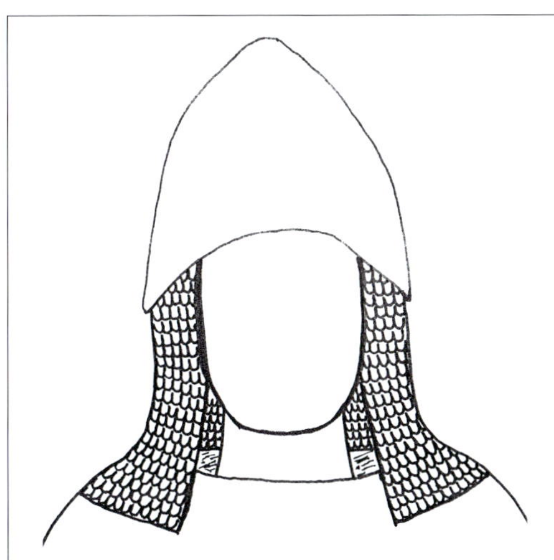

●●● Klapphelm (OB Helm)
Beim Klapphelm ist das komplette Gesichtsfeld mit der Kinnpartie hochklappbar. In zugeklapptem Zustand hat er die Form eines Integralhelms. (Abb. 39)

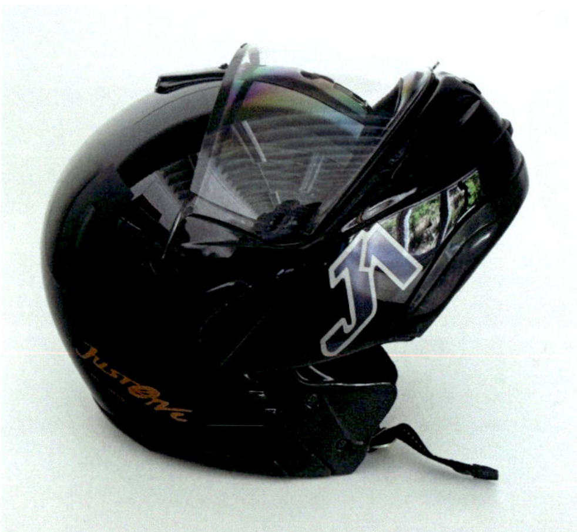

Abb. 39: Klapphelm, 2010

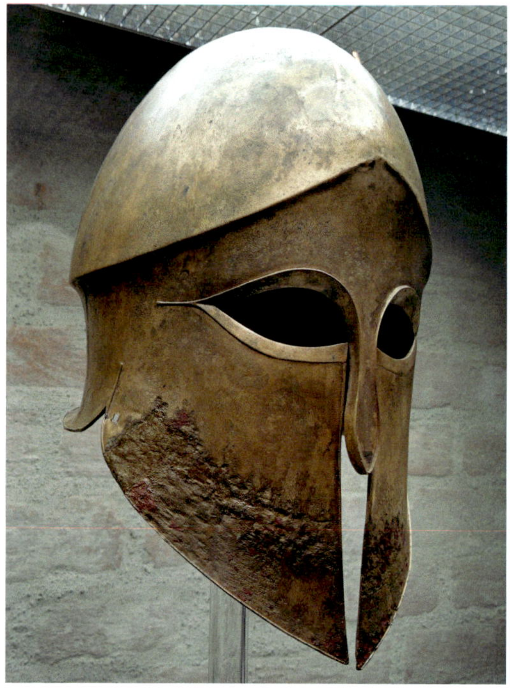

Abb. 40: Korinthischer Helm, Unteritalien, 500–490 v. Chr.

●●● Korinthischer Helm (OB Helm)
Der Korinthische Helm ist ein aus einer einzigen Platte gefertigter Helm mit feststehendem Wangen- und Nasenschutz. Er umfasst den ganzen Kopf. Unter den ovalen Augenöffnungen findet sich zwischen den beiden nach unten hin spitz zulaufenden Wangenschirmen eine vertikale Atemöffnung. Die obere Partie des Helms ist deutlich abgesetzt.

Der Korinthische Helm wird vom 7. bis zum 4. Jahrhundert v. Chr. über das Gebiet des klassischen Griechenland hinaus getragen. (Abb. 40)

Das römische Fußvolk wurde in vier Classen eingetheilt. Die drei ersten waren schwer bewaffnet, die vierte enthielt die leichten Truppen. Ihre Schutzwaffen bestanden in einem Helm, einem Harnisch und einem großen viereckigen oder runden Schild.

Jacob Eberhard Gailer: Neuer Orbis Pictus für die Jugend [...] Reutlingen 1835, S. 365

●●● Lamellenhelm (OB Helm)
Der Lamellenhelm besteht aus verschnürten oder vernieteten gewölbten, schmalen Eisenstreifen, den Lamellen, die übereinander greifend angebracht sind. Er ist also nicht aus einer Platte getrieben und unterscheidet sich dadurch deutlich von anderen Helmformen.

Asiatische Reiterkrieger der Völkerwanderung bringen den Lamellenhelm bis nach Mitteleuropa, wo er bis ins Frühmittelalter getragen wird. (Abb. 41)

●●● Mantelhelm (OB Helm)
Der Mantelhelm ist ein Helm mit klappbarem Visier, großem Kragenstück am einteiligen Kinnreff und weit herab reichendem Nackenstück an der enganliegenden eiförmigen Helmglocke.

Dieser Helmtyp entsteht Anfang des 16. Jahrhunderts. (Abb. 42)
Syn.: Visierhelm

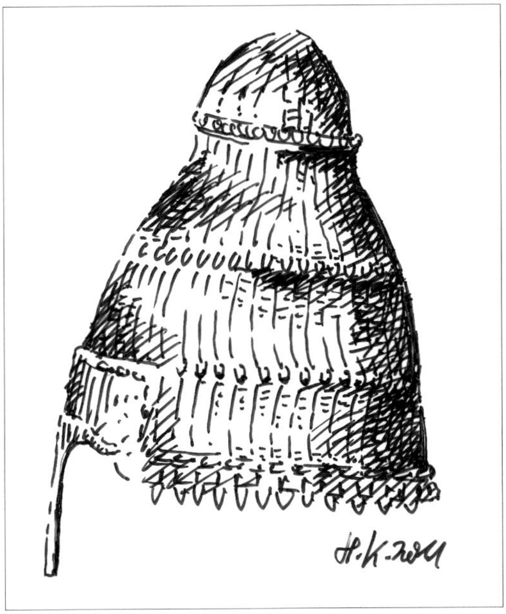

Abb. 41: Lamellenhelm

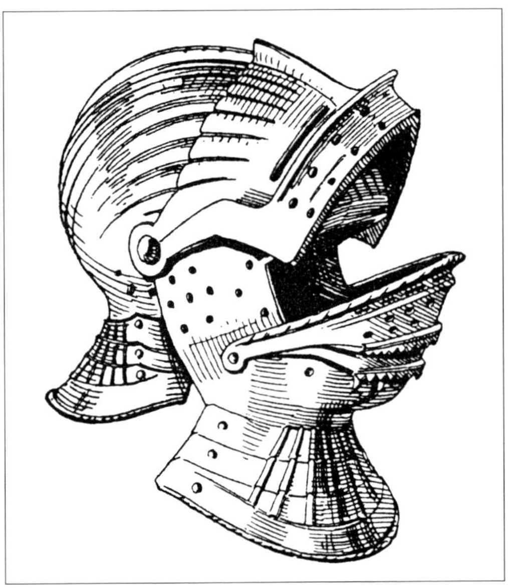

Abb. 42: Mantelhelm, um 1510

●●● Maskenhelm (OB Helm)
Der Maskenhelm bildet ein menschliches Gesicht ab; er umschließt den Kopf und hat Öffnungen für Augen, Nase und Mund.

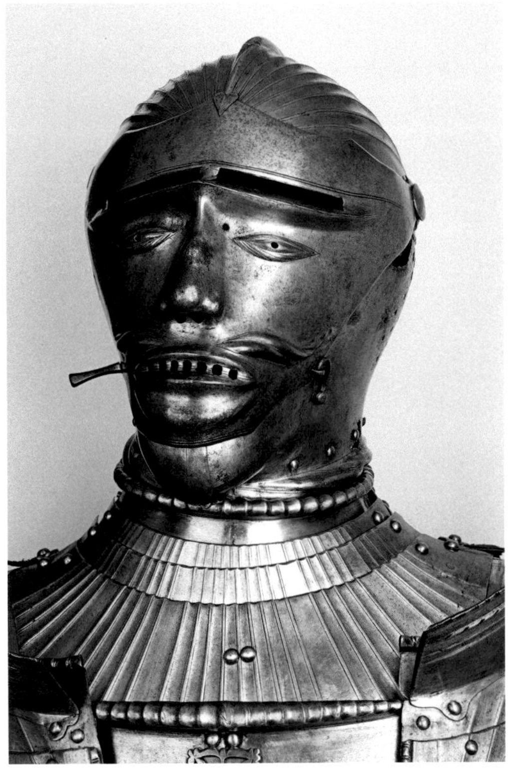

Abb. 43: Maskenhelm, Anfang 16. Jhd.

Verwendet wird der Maskenhelm seit der Antike. (Abb. 43)
Syn.: Burgunderhelm, Gesichtshelm, Savoyardenhelm [benannt den Einwohnern Savoyens], Totenkopfhelm

●●● Metallhelm*

●●● Morion (OB Helm)
Der Morion hat eine konisch geformte Helmglocke, auf der ein hoher metallener Kamm sitzt. Die breite Krempe, die an der Vorder- und Hinterseite hochgezogen ist, läuft an den Enden spitz zu.

Bisweilen ist der Morion mit Wangenstücken versehen.

Dieser Helmtyp entsteht im 16. Jahrhundert. Bekannt ist er durch die Schweizer Garde. (Abb. 44)
Syn.: Morian, Tranchéehelm [französisch la tranchée = Schützengraben]

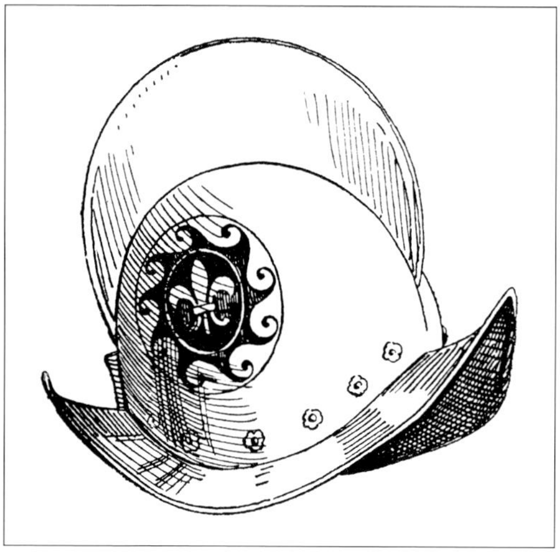

Abb. 44: Morion, deutsch, Anfang 17. Jhd.

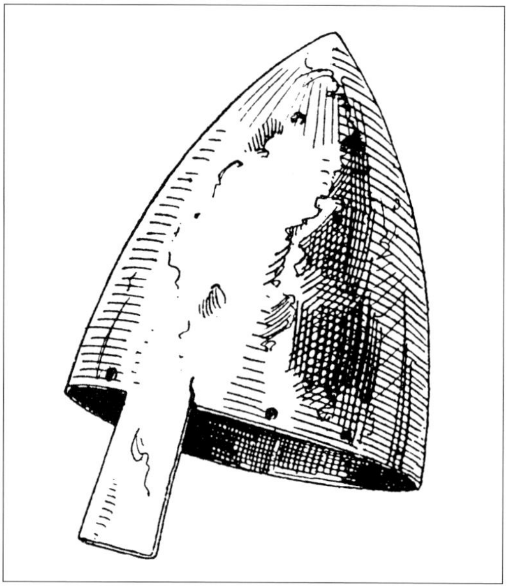

Abb. 45: Nasalhelm, um 1200

●●● **Motorradhelm***

●●● **Nasalhelm** (OB Helm)
Der Nasalhelm umschließt den oberen Teil des Kopfes und verfügt über einen Nasenschutz, der zum unteren Ende hin breiter sein kann. Der Nasenschutz ist entweder fest montiert oder verschiebbar.

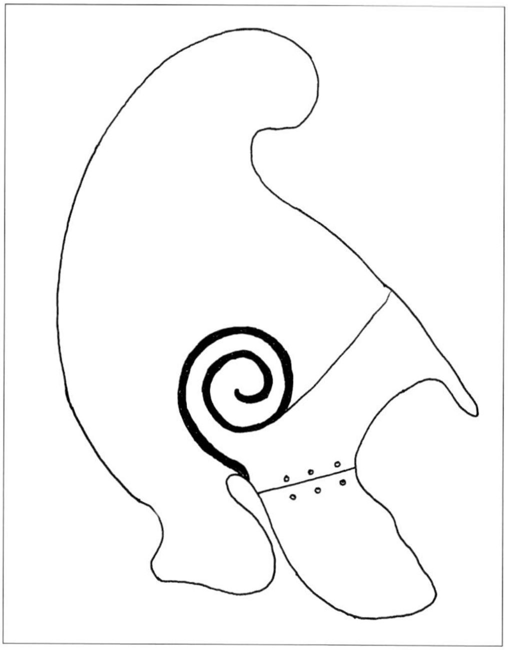

Abb. 46: Phrygischer Helm

Der Nasalhelm wird im Hochmittelalter u. a. von Wikingern und Normannen getragen. (Abb. 45)
Syn.: Normannenhelm

●●● **Phrygischer Helm** (OB Helm)
Der Phrygische Helm hat eine hochgeformte Helmglocke mit überfallender Spitze. Er besitzt einen schmalen Augenschirm und Wangenstücke, die im Mund- und Kinnbereich miteinander verbunden sein können.

Der Phrygische Helm wird in der Antike getragen. (Abb. 46)
Syn.: Thrakischer Helm

●●● **Pickelhaube** (OB Helm)
Die Pickelhaube ist ein Helm mit senkrechter metallener Spitze und angedeutetem Stirn- und Nackenschild.

Die Pickelhaube wird 1843 von der preußischen Armee eingeführt und später auch von anderen Armeen und Polizeien in Deutschland getragen. (Abb. 47)
Syn.: Gewittertulpe

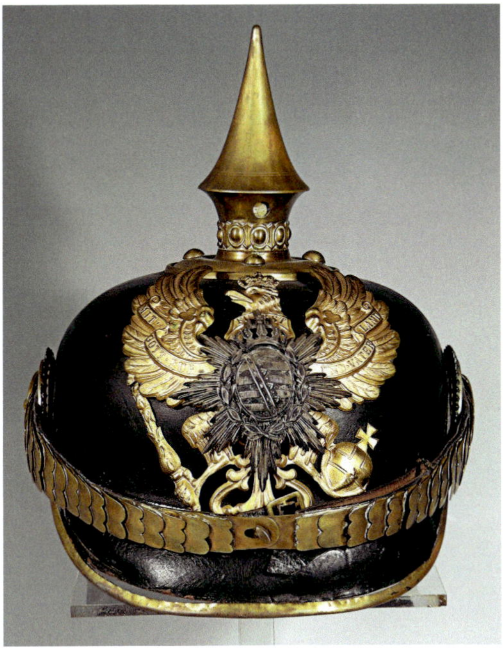

Abb. 47: Pickelhaube, Thüringen, um 1900

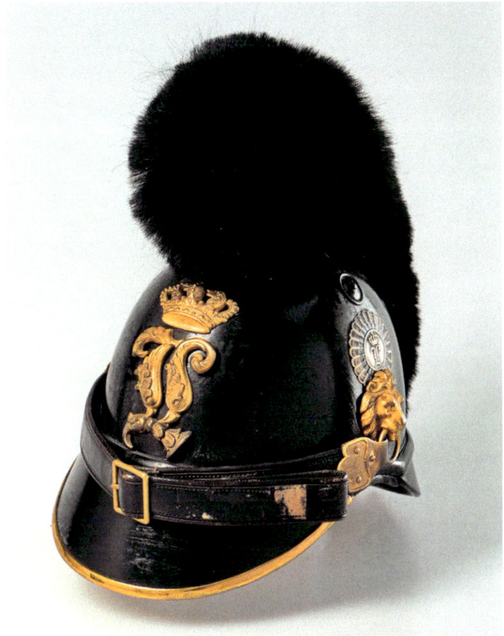

Abb. 48: Raupenhelm M 68 für Offizier, Infanterie-Regiment, Bayern, 1868–1886

Da liegt die große Pickelhaube / im schwarzen, dunkeln Grabesloch. / Sie ruhe sanft … Sieh da, ich glaube, / sie wackelt noch.

Kurt Tucholsky: Helm ab –! 1918

●●● **Raupenhelm** (OB Helm)

Der Raupenhelm hat auf dem Scheitel eine Raupe. Sie besteht aus einem mit Stroh gefüllten ledernen Schlauch, der außen mit kurzen Wollfransen besetzt ist.

Der Raupenhelm ist bereits in der Antike bekannt und wird in Mitteleuropa vom 18. Jahrhundert bis in die zweite Hälfte des 19. Jahrhunderts getragen.

Bei den Unteroffiziers- und Offiziershelmen der bayerischen Armee sind die Helmraupen aus Bärenfell hergestellt; sie sind deutlich größer als bei den Mannschaften. (Abb. 48)

●●● **Rennhelm***

●●● **Ritterhelm***

●●● **Schaller** (OB Helm)

Die Schaller ist ein stromlinienförmiger Helm mit Visier oder eingeschnittenem Sehschlitz. Sie umschließt den Kopf mit Ausnahme der Kinnpartie.

Abb. 49: Schaller, um 1500

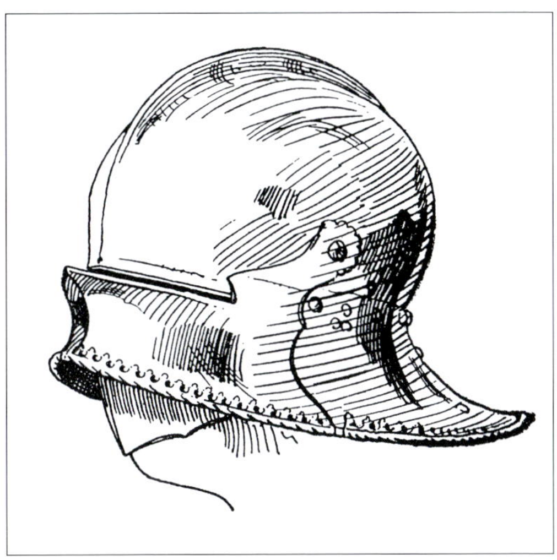

Diese wird vom Bart, der auf den Brustharnisch montiert ist, abgedeckt.

Die Schaller entsteht in der ersten Hälfte des 15. Jahrhunderts aus dem Eisenhut. (Abb. 49)
Syn.: Celata (Schaller), Celate, Salade, Salet, Salett

●●●● **Rennhut** (OB Schaller)
Der Rennhut ist eine Schaller mit zwei Verstärkungsplatten auf der Stirn.

Er wird bei höfischen Turnieren, den Rennen mit scharfer Lanze, benutzt. (Abb. 50)

Auf ein gegebenes Zeichen öffnete man die Schranken, und die Ritter, wohl geharnischt und bewaffnet, traten, je zwei und zwei, mit geschlossenem Visier auf den Kampfplatz, um eine Lanze zu brechen.

Jacob Eberhard Gailer: Neuer Orbis Pictus für die Jugend […] Reutlingen 1835, S. 670

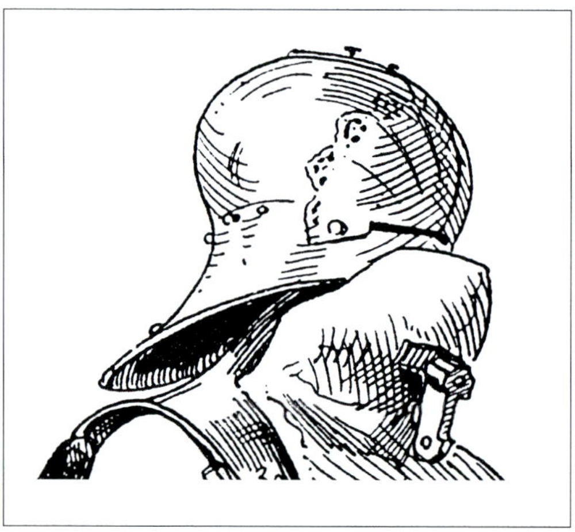

Abb. 50: Rennhut, Ende 15. Jhd.

●●● **Spangenhelm** (OB Helm)
Der Spangenhelm wird aus einem metallenen Stirnreifen und daran angebrachten Metallleisten gebildet. Diese laufen nach oben zusammen. Zwischen den Leisten befinden sich Metallplatten.

Der Spangenhelm ist häufig mit Wangenstücken versehen, oftmals auch mit einem Nackenschutz aus Kettengeflecht.

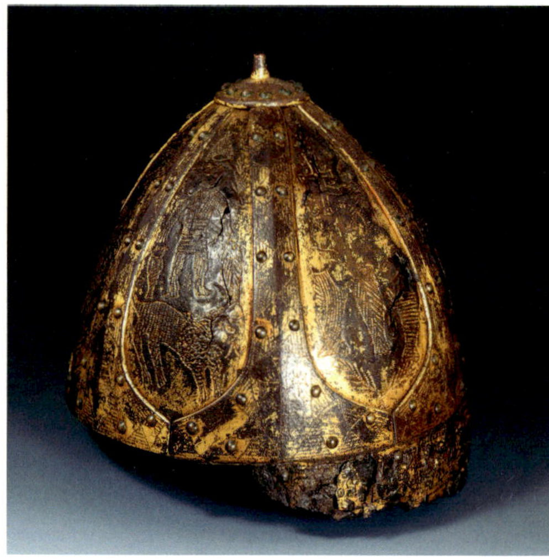

Abb. 51: Spangenhelm, byzantinisch, 6. Jhd.

Erst im Laufe des Hochmittelalters wird der Spangenhelm in Europa von Helmen verdrängt, die aus einer einzigen Eisenplatte gefertigt sind. (Abb. 51)
Syn.: Kegelhelm

●●● **Sporthelm***

●●● **Stahlhelm** (OB Helm)
Der Stahlhelm ist ein aus Stahl bestehender Helm, der primär zum Schutz vor Granatsplittern dient. Er hat weder Kinnschutz noch Visier und kommt in unterschiedlichen Formen vor.

Abb. 52: Stahlhelm der Bundeswehr-Bodentruppen, 1960

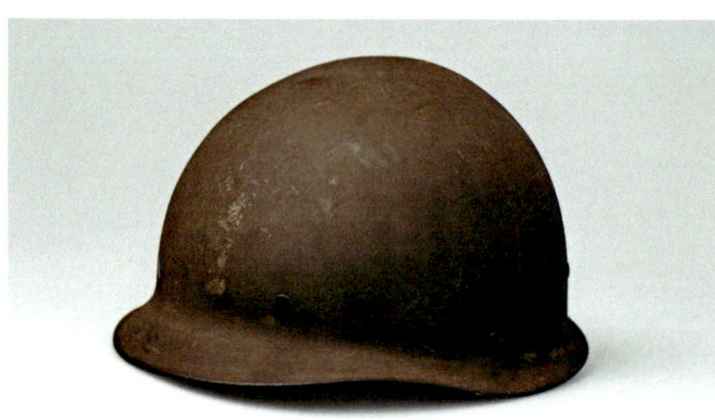

Der Stahlhelm entsteht unter dem Eindruck der Materialschlachten des Ersten Weltkrieges und wird seither verwendet. (Abb. 52)

Helm ab zum Gebet!

Aus dem Großen Zapfenstreich

●●● **Stechhelm** (OB Helm)
Der Stechhelm hat einen flachen, leicht abgerundeten oberen Teil und einen Sehschlitz. Die Helmwand läuft nach vorn spitz zu. Der Stechhelm reicht in der Regel bis zur Schulter. Rechtsseitig besitzt er oft einen Lüftungsschlitz, das Helmfenster.

Der Stechhelm hat sich aus dem spätmittelalterlichem Topfhelm entwickelt. (Abb. 53)
Syn.: Krötenkopfhelm, Turnierhelm

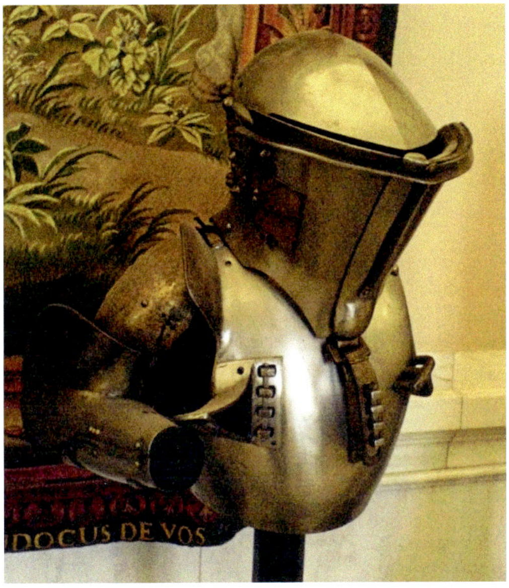

Abb. 53: Stechhelm

Wie schimmert so der Helm von Gold, / Des Ritterspieles Dank! / Ach! drunter glühn vor allem hold / Die Augen, blau und blank.
Die Rechte läßt den Gruß ergehn, / Sein Helmgefieder wankt; / Da neigen sich die Damen schön, / Des Volkes Jubel dankt.

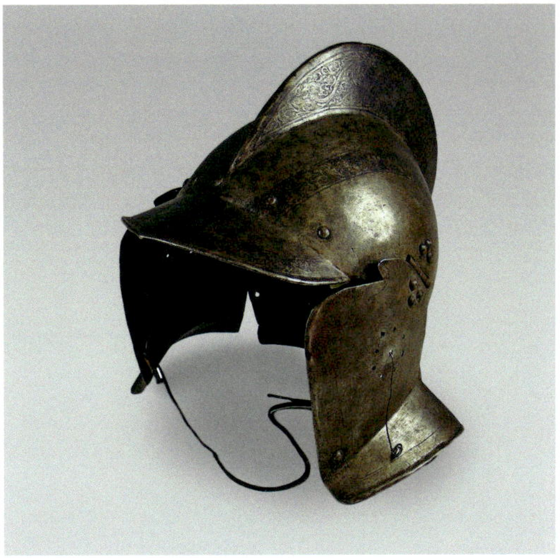

Abb. 54: Sturmhaube (Helm), süddeutsch, um 1600

Nun zieht er in des Vaters Schloß / Und knieet vor ihm hin / Und schnallt den goldnen Helm sich los / Und reicht dem König ihn.

Aus: Ludwig Uhland, Gretchens Freude,1805

●●● **Sturmhaube (Helm)** (OB Helm)
Die Sturmhaube umschließt den gesamten Hinterkopf, hat einen kurzen Nackenschutz und besitzt meist einen markanten Kamm. Typisch ist auch der ausgeprägte Augenschirm. Dazu ist die Sturmhaube meistens mit Wangenschutz, oft in Form von beweglichen Wangenstücken, ausgestattet.

Die Sturmhaube entwickelt sich aus der Schaller und ist im 16. und 17. Jahrhundert ein weit verbreiteter Helmtyp. (Abb. 54)
Syn.: Bourguignotte [französisch bourguignon = burgundisch], Bourguinotte, Burgonet

Ein abgehauener Kopf hat keine Sturmhaube mehr nötig.

Deutsches Sprichwort

●●● **Sturzhelm***

●●● **Taucherhelm** (OB Helm)
Der Taucherhelm ist kugelförmig, besteht aus Leder, Metall oder Kunststoff und hat ein oder

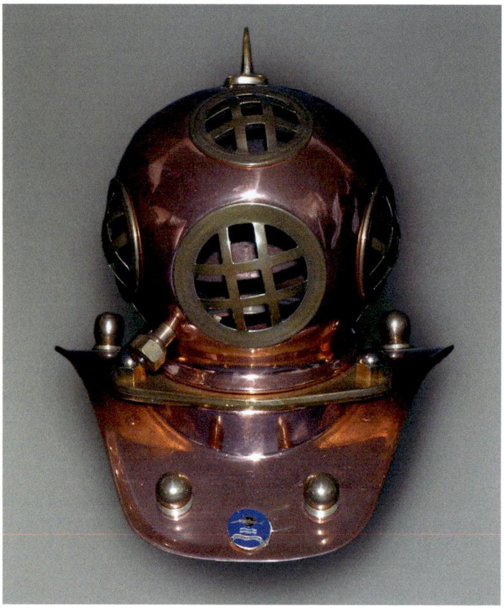

Abb. 55: Taucherhelm

mehrere Sichtfenster. Er ist mit Schläuchen und Ventilen versehen. Es gibt ihn in zwei Varianten: offen oder geschlossen.

Der offene Taucherhelm ist nur in aufrechter Position zu benutzen, da die zugeführte Druckluft das Wasser aus dem nach unten offenen Helm nur bis zum unteren Rand verdrängt.

Der geschlossene Taucherhelm hat entweder eine abdichtende Halsmanschette oder er wird im Schulterbereich am Taucheranzug befestigt.

Der erste funktionsfähige Taucherhelm wird um 1800 durch Verkleinerung der Taucherglocke entwickelt. (Abb. 55)

Eine der besten [...] ist aber die [...] T[a]ucherrüstung, welche Klingert in England erfunden ha[t]. Sie besteht aus zwei Theilen, die aus starkem Zinnblech gefertigt sind, dem Kopfstück oder Helm und den Leib [...] Um den Taucher mit Luft zu versehen, dienen zwe[i] Schläuche, die aus dem Innern des Helms zur Oberfläche des Wassers führen; der eine dient zum Einathmen und endigt in ein elfenbeinernes Mundstück, welches der Taucher in den Mund nimmt; der zweite, welcher an derselben Stelle in den Helm mündet, dient zum Abführen der verdorbenen Luft, welche durch die Ausdehnung der Brust beim Einathmen vertrieben wird.

Aus dem Artikel »Noch etwas über Taucherapparate«. In: Das Pfennig-Magazin der Gesellschaft zur Verbreitung gemeinnütziger Kenntnisse. 7. Band, Leipzig 1839, S. 325

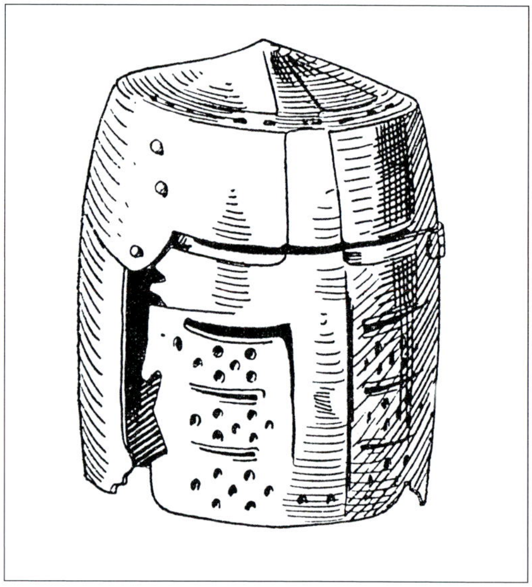

Abb. 56: Topfhelm, Ende 12. Jhd.

●●● **Topfhelm** (OB Helm)
Der Topfhelm ist ein den Kopf und Hals vollständig umfassender, meist zylindrischer Helm mit Augenschlitzen; er hat kein Visier.

Der um 1200 aufkommende und im Nibelungenlied als »Helmvaz« bezeichnete Typ wird bis ins 14. Jahrhundert getragen. (Abb. 56)
Syn.: Fasshelm, Faßhelm, Helmvaz, Kübelhelm

●●● **Tropenhelm** (OB Helm)
Der Tropenhelm besteht aus einer halbkugeligen oder hoch aufragenden Helmglocke mit nach unten gerichteter Krempe. Sein Stoffüberzug ist entweder hell oder tarnfarben. Er ist meist mit einem Kinnriemen und Lüftungsöffnungen versehen. Bisweilen kann ein Nackenschutz angebracht sein.

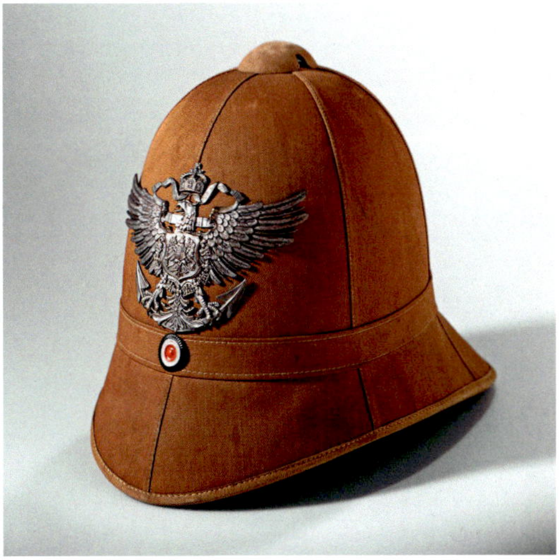

Abb. 57: Tropenhelm, Deutsches Kaiserreich, Anfang 20. Jhd.

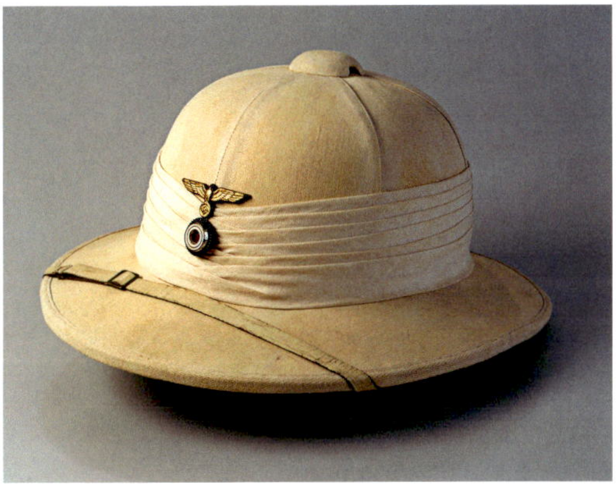

Abb. 58 Tropenhelm der deutschen Kriegsmarine, um 1935

Der Tropenhelm entsteht im 19. Jahrhundert im Rahmen der Forschungsreisen und des Kolonialismus. (Abb. 57, 58)
Syn.: Safarihelm

Obschon es Januar war, machte sich die Hitze sehr bemerkbar und wir vertauschten unsere sonst so bequemen Filzhüte mit einem riesengroßen Korksonnenhelm, der etwa 3 Zentimeter dick war und dessen Rand 20 cm maß. Diese Schattenspender verliehen uns eine pilzartige Erscheinung und schützten uns mit ihren großen Rändern vor den sengenden Sonnenstrahlen.

Beschreibung der Fußwanderung durch Südasien. Aus: Heine Stupp, Zu Fuß um die Welt in 492 Tagen. 1895/96. Herausgegeben von Birgit Stupp, München 2003, S. 101

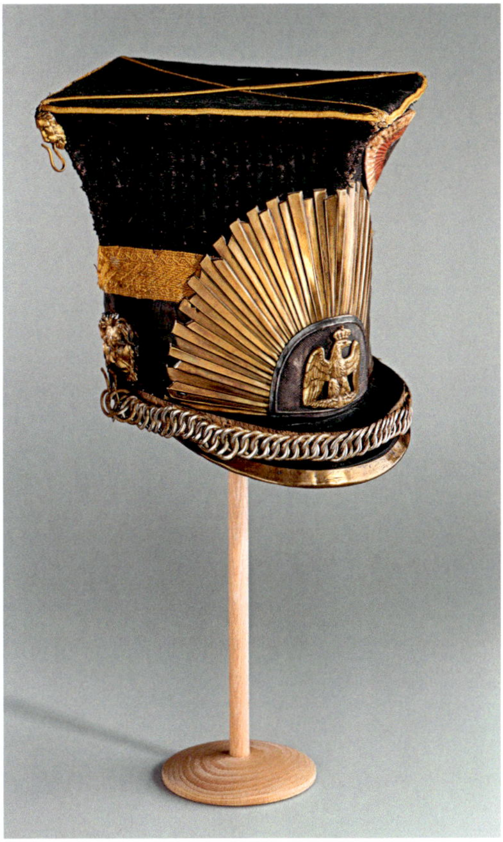

Abb. 59: Tschapka, Frankreich, um 1812

●●● **Tschapka** (OB Helm)
Die Tschapka [polnisch czapka = Mütze] schließt oben mit einem quadratischen Deckel ab, der mit einer Spitze nach vorn weist.

Die Tschapka ist die Kopfbedeckung der Ulanenuniform. Sie wird ab 1784 bei den österreichischen Ulanen eingeführt und hält sich bis zum Ersten Weltkrieg. (Abb. 59, 60)
Syn.: Ulanenhelm

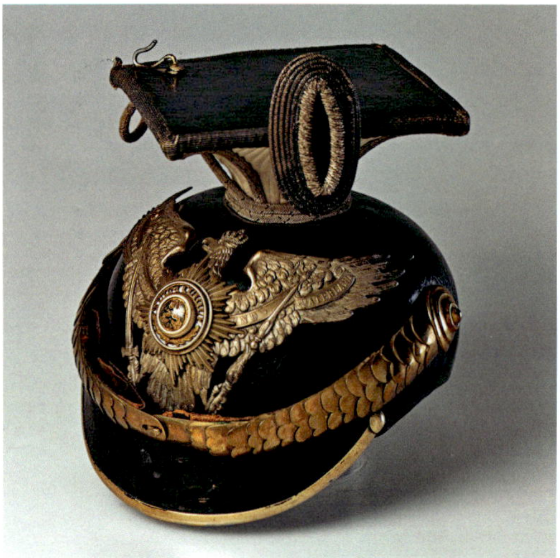

Abb. 60: Tschapka, Preußen, um 1910

●●● **Zischägge** (OB Helm)
Bei der Zischägge handelt es sich um einen Helm mit flachem ausgeprägtem Schirm, Nackenschutz, Wangenstücken und senkrecht verlaufendem verstellbarem Naseneisen.

Die Zischägge ist als Reiterhelm im 17. Jahrhundert in Europa weit verbreitet. (Abb. 62)
Syn.: Husarische Haube, Pappenheimer Helm, Ungarische Sturmhaube

●● **Hennin** (OB Kopfbedeckung)
Das (oder: der) Hennin ist eine kegelförmige, zuweilen abgestumpfte, steife, oft bis zu einem Meter hohe, vom Kopf nach hinten gerichtete Kopfbedeckung. Am Ende können Bänder oder Schleier befestigt sein.

Seine Blütezeit hat das Hennin in der burgundischen Mode des späten 14. und des 15. Jahrhunderts. (Abb. 63)
Syn.: Burgunderhaube, Burgundische Haube, Spitzhaube, Spitzhut, Turtur

●●● **Visierhelm***

●●● **Zeitfahrhelm** (OB Helm)
Der Zeitfahrhelm ist ein aerodynamischer, tropfenförmiger, im Nackenbereich spitz zulaufender Helm.

Er wird im Hochleistungsradsport beim Zeitfahren verwendet. (Abb. 61)

●● **Hörnerhaube** (OB Kopfbedeckung)
Die zwei hornartigen Gebilde der Hörnerhaube sind entweder stumpf gearbeitet oder laufen spitz zu. Über sie oder zwischen ihnen ist oft Brokat oder leichtes Gewebe drapiert.

Wenn die Hörner kegel- oder kegelstumpfförmig sind, spricht man von Doppelhennin.

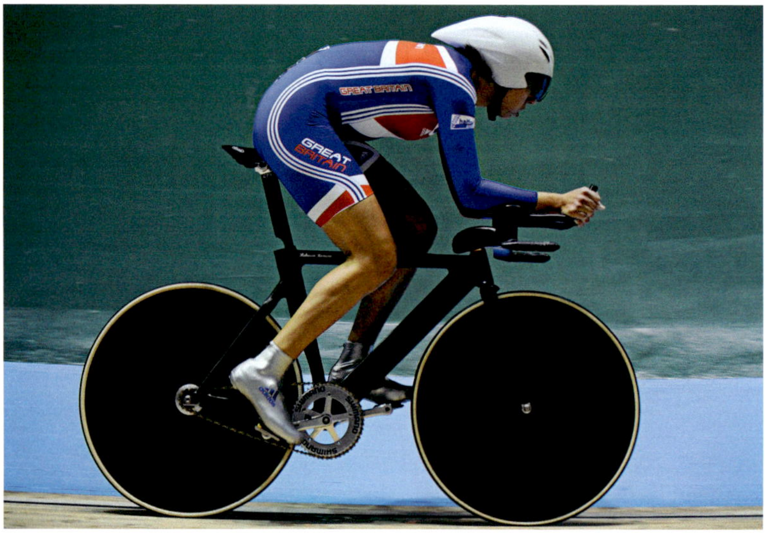

Abb. 61: Zeitfahrhelm, Bahnradweltmeisterschaft, 2008

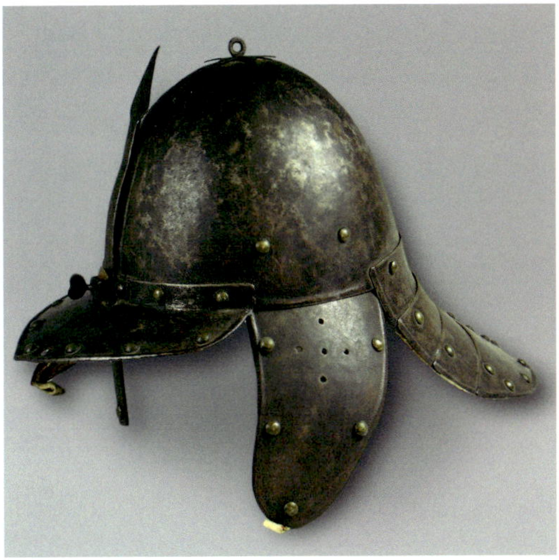

Abb. 62: Zischägge, deutsch, um 1600

Abb. 63: Frau mit Hennin, Ausschnitt aus dem Gemälde »Wer nicht liebt Weib, Wein und Gesang«, Ferdinand Wagner, um 1900

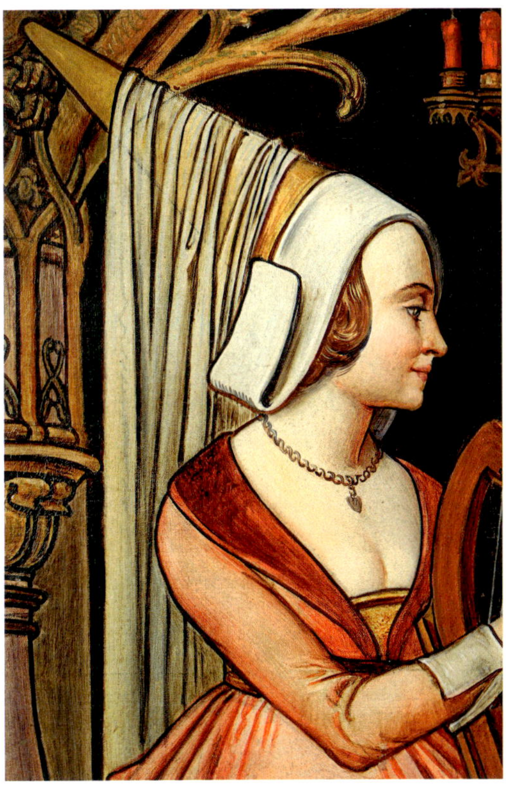

Hauptsächlich verbreitet ist die Hörnerhaube von etwa 1380 bis zirka 1460. (Abb. 64)
Syn.: Doppelhennin, Hörnermütze, Sella (Hörnerhaube)

Im Jahre 1364 glich der Kopfputz der Witwen ganz dem der Nonnen, auch trug man große Mützen; die in Form eines Herzens das Haupt umgaben, das Kinn bildete die Spitze und Perlenschnüre faßten sie ein. Allmälig verlängerten sich die beiden obern Ecken dieser sonderbaren Hauben so gewaltig, daß sie ein paar Hörnern glichen. Darunter befand sich, um sie zu unterstützen, ein wahres Gerüst von Lederriemen und Fischbein, und an jeder Seite hatten sie so breite Ohren, daß die Dame, welche damit verputzt war, kaum durch eine Thür schreiten konnte, ohne ihren Kopfschmuck in Gefahr zu bringen.

Damen Conversations Lexikon, Bd. 4, 1835, S. 211

●● **Holländerhaube***

●● **Hut** (OB Kopfbedeckung)
Der Hut besteht aus Hutkappe und ringsum laufender Krempe. Die Hutkappe hat verschiedene

Abb. 64: Isabella von Portugal mit Hörnerhaube, Gemälde aus der Werkstatt Rogier van der Weyden, um 1450

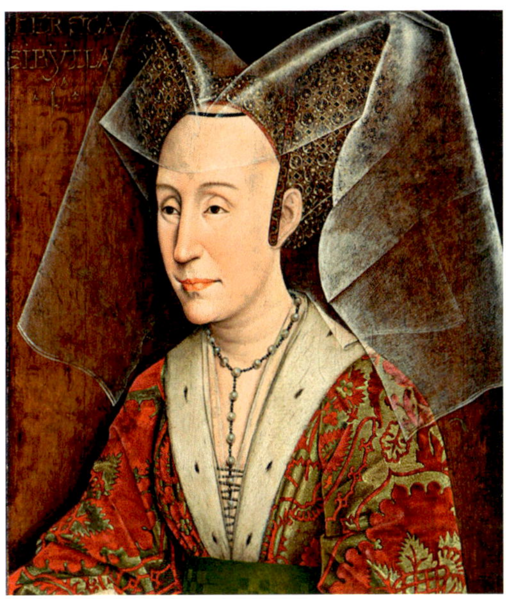

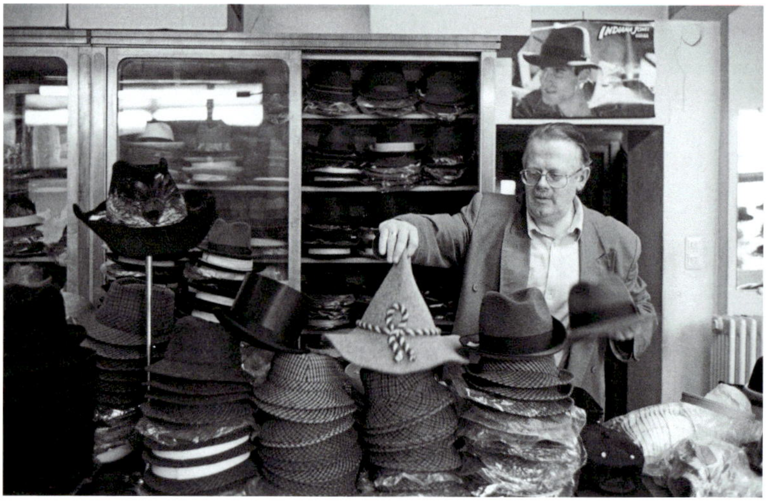

Abb. 65: Hutgeschäft von Johann Holland in Bamberg, 1993

Formen: spitz, rund, oval, mehreckig, zylindrisch, flach oder hoch. Auch die Krempe ist unterschiedlich geformt: von hochgewölbt über tischflach bis hin zu glockenförmig; sie kann gefüttert beziehungsweise gepolstert sein.

Abb. 66: Eleanor Frances Dixie mit Bergère, Gemälde von Henry Pickering, um 1753

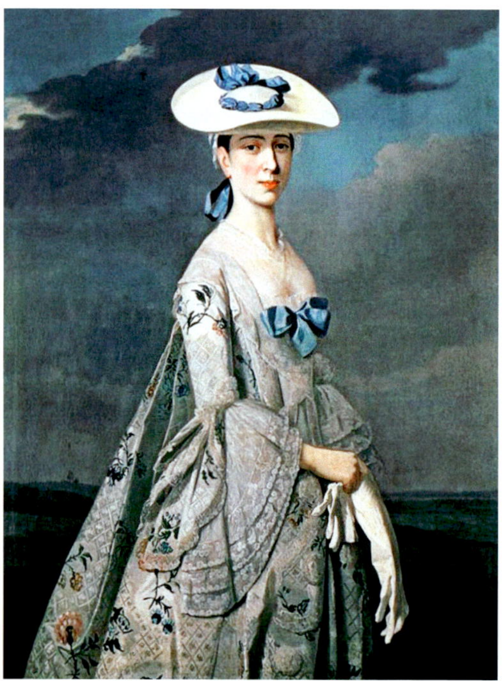

Zur Herstellung werden verschiedene Materialien verwendet, die auch kombiniert werden: Wolle, Filz, Pelz, Seide, Leder, Baumwolle, Stroh, Papier, Kunststoff etc.

Die Hutkappe kann durch scharfe Kniffe sowie leichte Eindellungen und Ausbeulungen in ihrer Form wie auch in Höhe und/oder Breite verändert werden; es entstehen Falten, Längsdellen, Einkerbungen, Triangelbeulen u. Ä.

Oft wird der Hut mit einem Hutband oder einer Hutschnur versehen. Er kann mit weiterem Zierrat, zum Beispiel Quasten, Schnallen, Hutnadeln, Agraffen, Federn und Federbüschen, garniert werden. (Abb. 65)

Zu Altdorf bei der Linden – steckt auf der Vogt den Hut – und sprach, den will ich finden, – der dem nicht Ehr anthut!

Ernst Ludwig Rochholz: Schweizersagen aus dem Aargau. Erster Band. Aargau 1856, S. 65

●●● Aufschlaghut*

●●● Bergère (OB Hut)

Die Bergère [französisch la bergère = Schäferin] hat eine breite flache Krempe und eine extrem kleine niedrige Hutkappe. Sie sitzt oben auf dem Kopf auf, wo sie mit Bändern und/oder Hutnadeln gehalten wird. Sie besteht zumeist aus Stroh.

Die Bergère kommt in den 1730er Jahren auf und bleibt das gesamte 18. Jahrhundert in Mode. (Abb. 66)
Syn.: Schäferhut (Bergère), Schäferinnenhut (Bergère)

●●● **Bolero (Hut)** (OB Hut)
Der Bolero ist ein Hut mit steil nach oben stehendem Krempenrand. (Abb. 67)

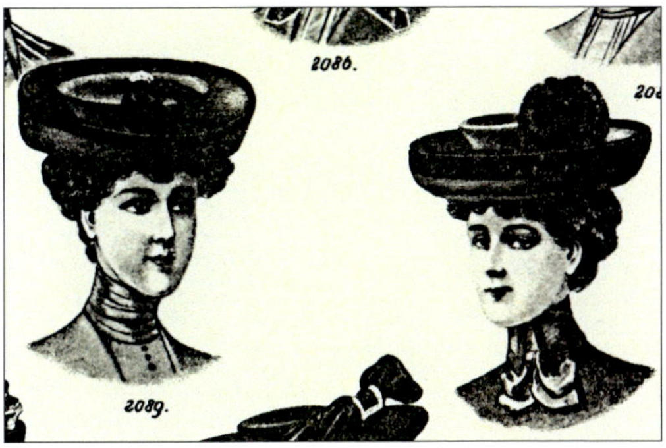

Abb. 67: Boleros im Modekatalog des Kaufhauses Wertheim, Berlin, 1903/1904

●●● **Borsalino** (OB Hut)
Der Borsalino ist ein weicher Filzhut mit breiter Krempe, Einkerbung und zweifachem Kniff.

Er ist benannt nach dem italienischen Hutmacher Giuseppe Borsalino (1834–1900). (Abb. 68)

●●● **Breton***

●●● **Buschhut** (OB Hut)
Der Buschhut hat eine breite Krempe, oft einen verstellbaren Kinnriemen, ist hergestellt aus Baumwolle oder Kunststoff und kann zusammengeknautscht werden.

Ursprünglich ist er eine militärische Kopfbedeckung, die 1967 von der US Army als »Hat, Jungle, with Insect Net« eingeführt wird. (Abb. 69)
Syn.: Boonie, Boonie Hat

●●● **Camber** (OB Hut)
Der Camber [englisch camber = Wölbung] ist ein Hut mit vorn flacher, an den Seiten und hinten deutlich aufgebogener Krempe.

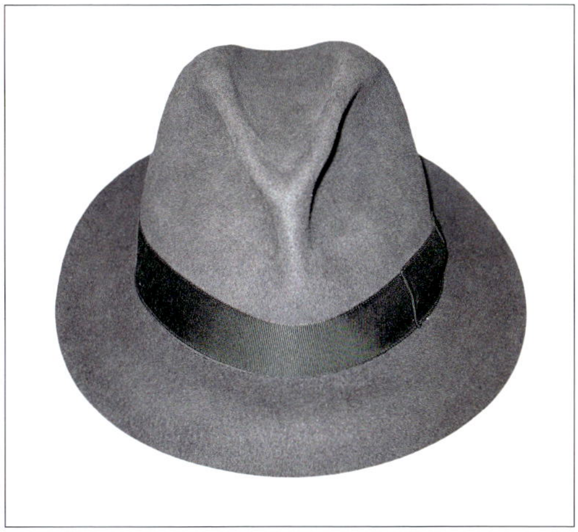

Abb. 68: Borsalino, 2010

Er kommt in den 1930er Jahren in Mode.
Syn.: Klapprandhut

Ein Mann, der einem Hut hinterherläuft, ist nicht halb so lächerlich wie ein Mann, der einer Frau hinterherläuft.

Gilbert Keith Chesterton (1874–1936)

●●● **Canadian** (OB Hut)
Der Canadian [englisch canadian = Kanadier] ist ein Filzhut mit breiter Krempe und drei- oder vierteiligem Kniff.

Abb. 69: Buschhut, 2011

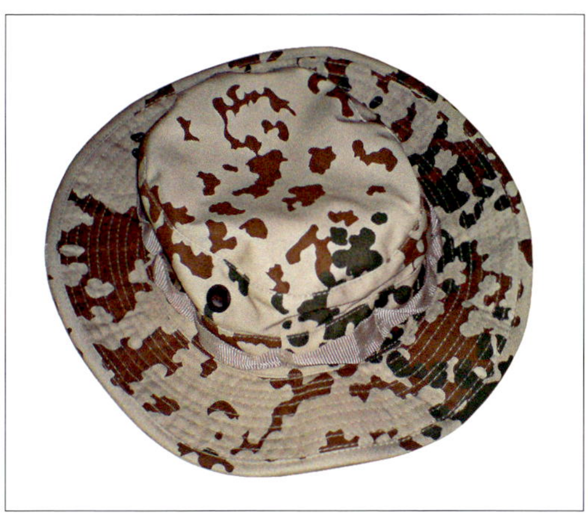

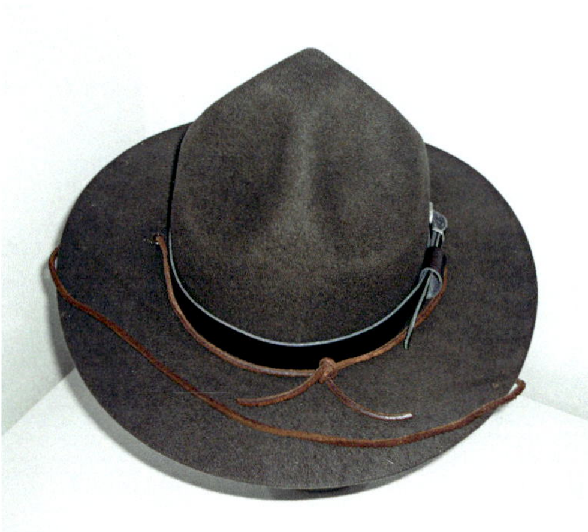

Abb. 70: Canadian, 2005

Ursprünglich wird der Hut von der berittenen kanadischen Polizei getragen. Ende der 1940er Jahre findet er Eingang in die Mode. (Abb. 70)
Syn.: Pfadfinderhut

●●● **Chapeau claque** (OB Hut)
Chapeau claque [französisch le chapeau = Hut und claquer = klappern] bezeichnet einen zusammenfalt- oder -klappbaren Hut, zunächst einen zusammenfaltbaren Zweispitz, dann einen mit einer Metallfeder zusammenklappbaren Zylinder.

Der Klappzylinder wird 1823 von dem Pariser Hutmacher Gibus erfunden und 1837 patentiert. (Abb. 71)

Abb. 71: Chapeau claque mit Etui, Rom, um 1920

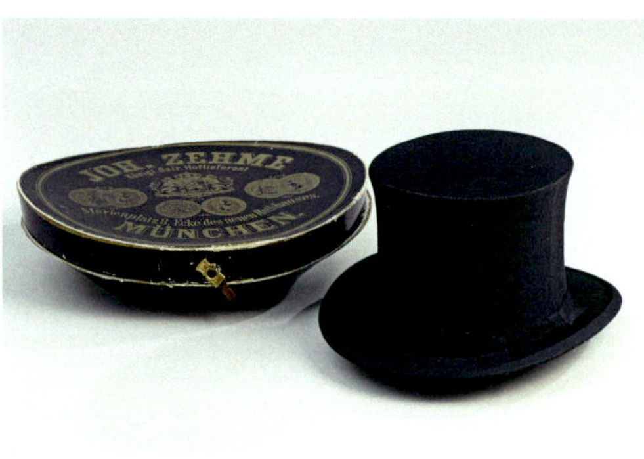

Syn.: Chapeau à claque, Gibus, Gibushut, Klackhut, Klapphut, Klappzylinder, Klatschhut, Knickzylinder, Operahut, Platschdeckel

Chapeau claque und Zylinder sind zwei ganz verschiedene Welten. Der Chapeau claque ist der Abendhut für Oper und Ball, der Zylinder der Tageshut für Straße und Empfänge. Der eine Attribut des Frackes, der andere des Gehrockes und Cutaways. Der blanke Zylinder zum Frack ist also dasselbe Unding, wie der Chapeau claque zum Gehrock.

Franz W. Koebner: Der Gentleman.
Ein Herrenbrevier. Berlin 1913, S. 37

●●● **Damenhut***

●●● **Dorveille***

●●● **Dreispitz** (OB Hut)
Der Dreispitz ist ein steifer Hut, dessen runde Krempe an drei Stellen hochgeschlagen wird, wodurch drei Spitzen entstehen.

Er ist um 1690 aus dem breitrandigen Hut des 17. Jahrhunderts entstanden und wird bis ins späte 18. Jahrhundert getragen. (Abb. 72)
Syn.: Dreiangel, Dreidecker, Dreieck, Dreimaster (Hut), Dreistich, Nebelspalter, Nebelstecher, Nivernois [benannt nach Duc de Nivernois Louis Jules Barbon Mancini-Mazarini (1716–1798)], Ramillies [benannt nach der Schlacht bei Ramillies am 23. Mai 1706], Tricorne [französisch la corne = Horn]

Ich hab ihn einmal in Wien gesehen bei einer feierlichen Auffahrt der Toisonisten [Ritter des goldenen Vlies], in seiner reichen, grünen Uniform, mit dem Bandelier, dem Hirschfänger, den goldenen Epauletten, dem goldbordierten Dreispitz, auf dem der schneeweiße Federbusch bei jeder Bewegung des Wagens ein wenig geflattert und geatmet hat, wie eine Lunge.

Marie von Ebner-Eschenbach: Mašlans Frau.
In: Dies., Das Gemeindekind. Novellen, Aphorismen. München 1956, S. 454–488, hier S. 457–458

●●●● **Chapeau bras** (OB Dreispitz)
Der Chapeau bras [französisch le chapeau = Hut und le bras = Arm] ist ein extrem flacher Dreispitz,

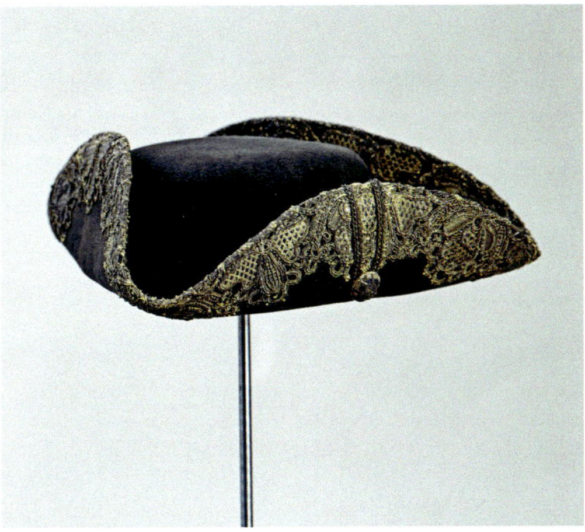

Abb. 72: Dreispitz, um 1770

dessen aufgekrempte Enden den Hutkopf nicht überragen. Er wird, um die Frisur zu schonen, in der Regel nicht aufgesetzt, sondern als Sonderform unter dem Arm getragen.

Er ist in der Zeit zwischen 1680 und 1780 in Gebrauch.

Im strengeren Sinn gehört der Chapeau bras nicht zur Kopfbedeckung, sondern ist Kleidungszubehör. (Abb. 73)

Abb. 73: Chapeau bras, um 1780

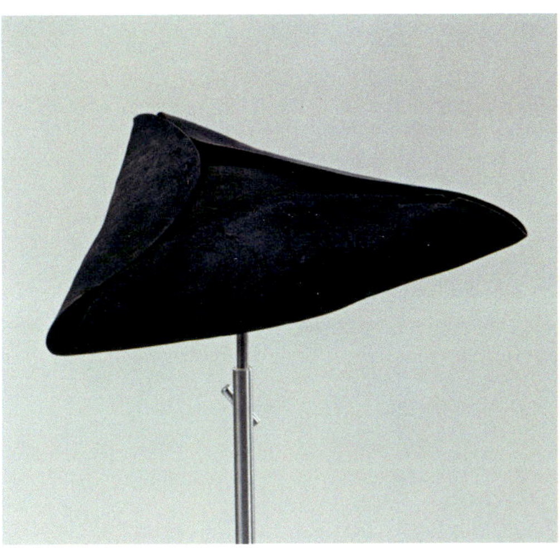

Syn.: Chapeau bas [französisch chapeau bas! = Hut ab!], Chapeau brisé [französisch brisé = gebrochen], Chapeaubas, Chapeaubras

Eigentlich war noch der Aufzug, in welchem wir nach dem alten Herkommen erscheinen mußten, schwarze Kleidung, schwarze seidene Strümpfe, gepudertes Haar und ein Haarbeutel im Nacken, einen Pariser Degen an der Seite und einen seidenen chapeau bas unter dem Arm.

Friedrich Kohlrausch: Erinnerungen aus meinem Leben. Hannover 1863, S. 43

●●● **Eden** (OB Hut)
Der Eden ist ein halbsteifer schwarzer Hut aus Filz. In der Kopfmitte hat er eine dreieckige Einkerbung. Der Krempenrand ist im Gegensatz zum Homburg unbordiert und gerade.

Er ist benannt nach dem englischen Politiker Anthony Eden (1897–1977) und kommt um 1935 auf.
Syn.: Anthony Eden, Demi-Homburg [französisch demi = halb]

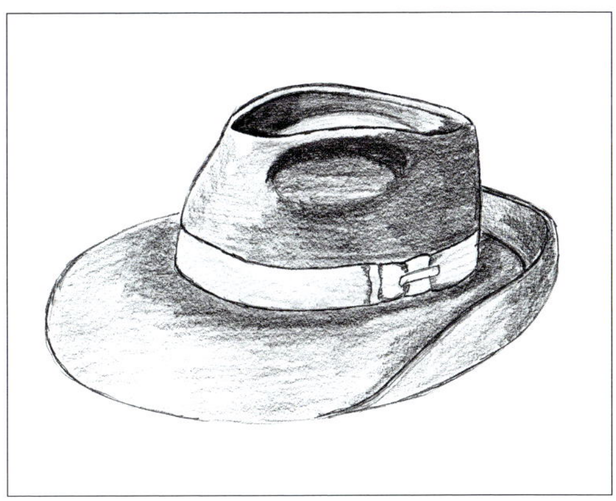

Abb. 74: Fedora

●●● **Fedora** (OB Hut)
Der Fedora ist ein weicher Hut mit vorn gerader, hinten oder an einer Seite leicht aufgebogener Krempe und Hutband, an dem zuweilen kleine Federn eingesteckt sind. Die Hutkappe hat seitliche zwei Dellen sowie oben eine Triangelbeule.

Benannt ist der Fedora nach der gleichnamigen Heldin des Schauspiels »Fédora« des französischen Dramatikers Victorien Sardou (1831–1908).

Der Fedora kommt im 19. Jahrhundert in Mode. Nach dem Zweiten Weltkrieg ist er der am häufigsten getragene Herrenhut. In den 1960er Jahren verschwindet er aus dem Straßenbild – ein Grund ist die zunehmende Mobilisierung: Beim Autofahren stört der Hut. (Abb. 74)
Syn.: Trilby [Großbritannien]

●●● **Filzhut***

●●● **Fischerhut** (OB Hut)

Der Fischerhut ist ein topfförmiger Hut mit nach unten gerichteter Krempe; oft sind Belüftungslöcher eingearbeitet. Der Fischerhut ist aus Baumwolle oder Kunststoff gefertigt und kann geknautscht werden. (Abb. 75)
Syn.: Anglerhut, Freizeithut

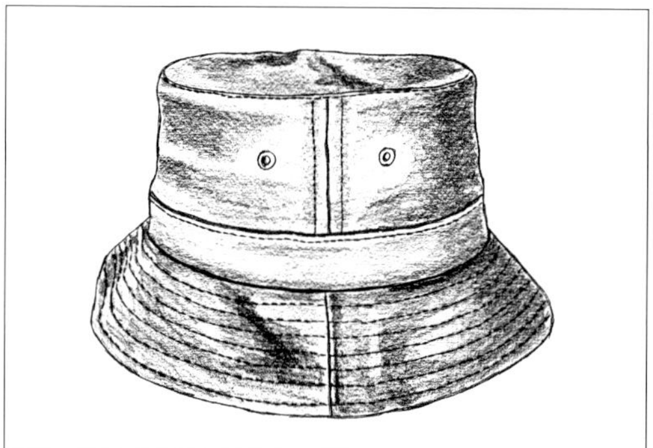

Abb. 75: Fischerhut

●●● **Florentinerhut** (OB Hut)

Der Florentinerhut ist ein aus Stroh gefertigter, in der Regel aufwändig geputzter Hut mit breiter biegsamer Krempe.

Er ist im gesamten 19. Jahrhundert in Mode und wird bis in die 1950er Jahre getragen.

Benannt ist er nach den Einwohnern der italienischen Stadt Florenz; im 19. Jahrhundert werden die Stumpen hauptsächlich in Signa bei Florenz hergestellt. (Abb. 76)
Syn.: Florentiner, Schäferhut (Florentinerhut), Schäferinnenhut (Florentinerhut), Schaubhut

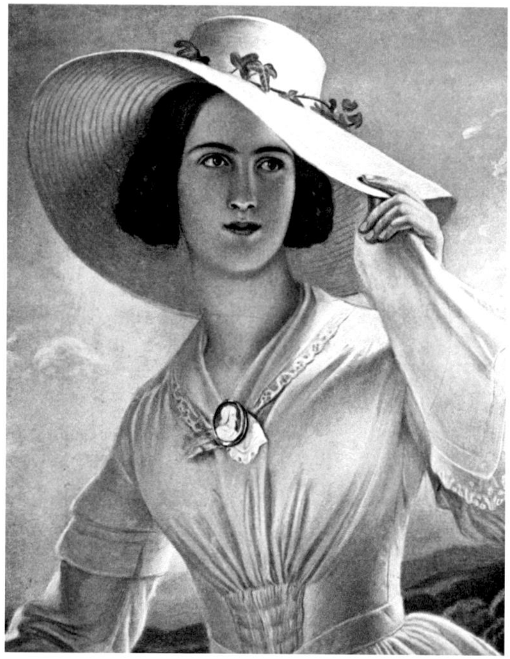

Abb. 76: Frau mit Florentinerhut, 19. Jhd.

Aus Stroh und Bast werden Hüte für Herren und Damen [...] geflochten. Das Stroh zu den feinen Hüten wird gebleicht und geschwefelt. Hierauf wird es gespalten und die Streifen zusammengeflochten. Italien liefert die feinsten und schönsten Strohhüte.

Jacob Eberhard Gailer: Neuer Orbis Pictus für die Jugend [...] Reutlingen 1835, S. 462–463

●●● **Frauenhut***

●●● **Fürst-Pless-Hut** (OB Hut)

Der Fürst-Pless-Hut ist ein meist grüner Hut mit Kniff und Längsdelle; an einer oder beiden Seiten ist er hochgekrempt.

Er hat sich aus dem Forstuniformhut des 19. Jahrhunderts entwickelt und ist benannt nach Hans Heinrich XI. Fürst von Pleß [auch Pless] (1833–1907), jagdlicher Zeremonienmeister (Oberstjägermeister) unter den Kaisern Wilhelm I. und Wilhelm II. (Abb. 77)
Syn.: Forstuniformhut

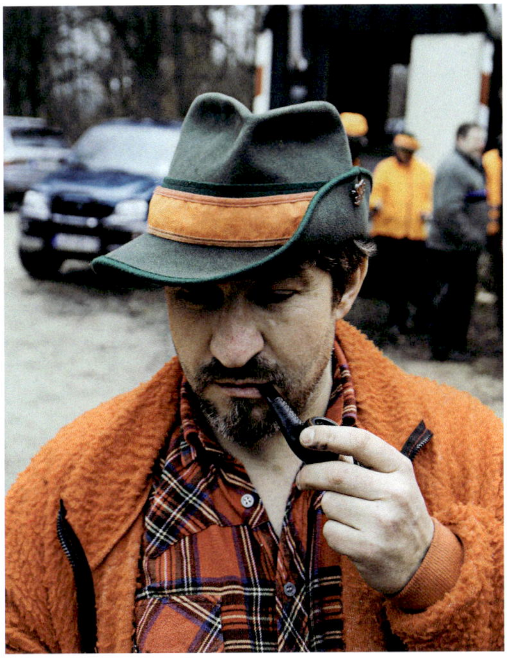

Abb. 77: Mann mit Fürst-Pless-Hut, 2011

●●● **Gamsbarthut***

●●● **Geistlicher Hut** (OB Hut)
Der Geistliche Hut hat eine niedrige kleine Hutkappe und eine flache oder leicht abfallende breite Krempe. Beidseitig hängen an langen Schnüren mehrere Quasten herab, die zu Dreiecken angeordnet sind.

Farbgebung des Geistlichen Huts und Anzahl der Quasten zeigen die Stellung des Trägers in der römisch-katholischen Kirchenhierarchie an, zum Beispiel grün mit sechs Quasten für Bischöfe oder purpurrot mit 15 Quasten für Kardinäle.

Papst Paul VI. (1897–1978) lässt 1969 mit einer Instruktion zur Vereinfachung der Kleidungsvorschriften für Kardinäle, Bischöfe und Prälaten den Geistlichen Hut als Kopfbedeckung abschaffen. Er bleibt jedoch Bestandteil der kirchlichen Heraldik. (Abb. 78)

Syn.: Bischofshut, Cardinalshut, Erzbischofshut, Galero, Galerus ruber [lateinisch = rote Kappe], Kardinalshut, Prälatenhut

●●● **Globetrotter***

●●● **Glockenhut** (OB Hut)
Der Glockenhut ist ein Hut mit hoher gewölbter Hutkappe und schmaler heruntergezogener Krempe; er wird tief bis in die Stirn gezogen.
Je nach Breite und Neigungswinkel der Krempe wird der Glockenhut als flach, halbtief, tief oder als Topfglocke bezeichnet.

Getragen wird er von etwa 1925 bis 1930, um 1948 und als Strickhut Mitte der 1970er Jahre. (Abb. 79)

Syn.: Cloche [französisch la cloche = Glocke], Glocke (Glockenhut), Topfglocke, Topfhut

●●● **Haarhut***

●●● **Herrenhut***

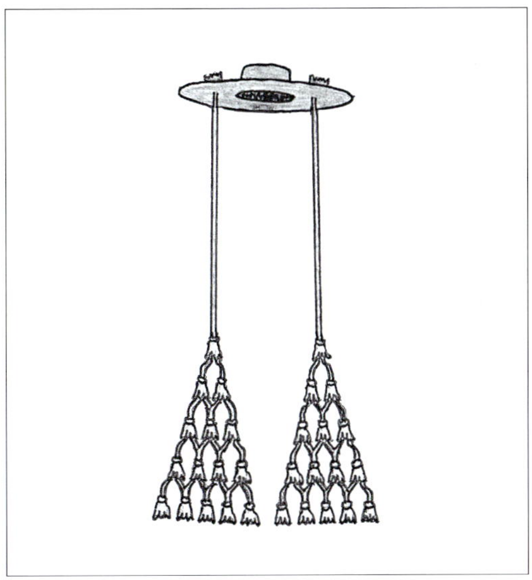

Abb. 78: Geistlicher Hut, hier Kardinalshut

●●● **Homburg** (OB Hut)
Der Homburg ist ein steifer Hut aus Filz mit roulierter und zumeist bordierter/paspelierter Krempe sowie dunklem Hutband. In der Kopfmitte hat er eine dreieckige Einkerbung.

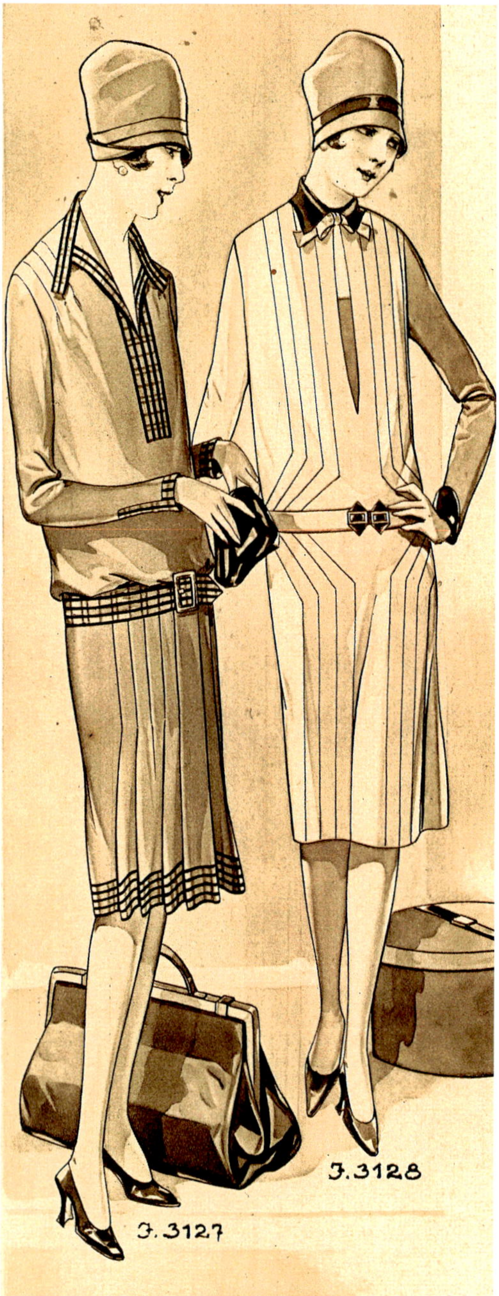

Abb. 79: Glockenhüte in einer Modeabbildung aus der Illustrierten Modenschau, 1927

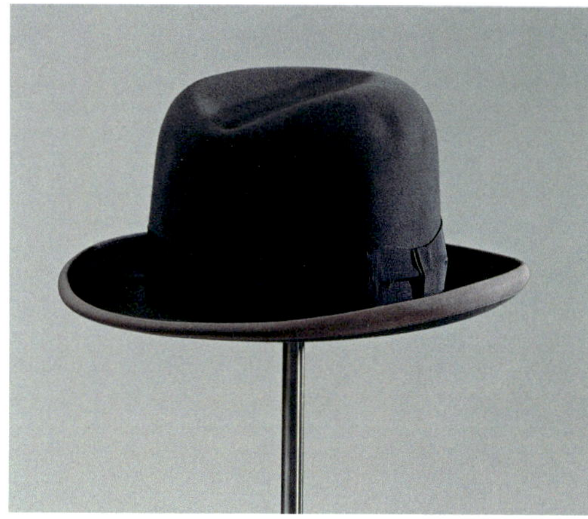

Abb. 80: Homburg, Nürnberg, um 1958

Er wird um 1900 erstmals in Bad Homburg hergestellt. Bei offiziellen und halboffiziellen Anlässen ergänzt er bis in die 1950er Jahre Stresemann und Sakkoanzug. (Abb. 80)
Syn.: Homburger

Abb. 81: Frau mit Jagdhut, Lüdenscheid, 1940

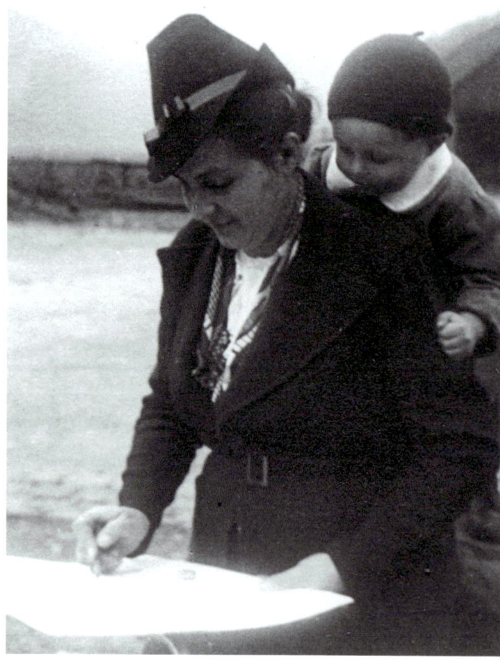

●●● Imkerhut (OB Hut)
Der Imkerhut ist ein in der Regel heller Hut mit breiter flacher Krempe, von der körperfern ein Schutznetz bis mindestens auf die Schultern herabhängt; im Mundbereich kann ein Loch für die Imkerpfeife eingearbeitet sein.

●●● Jagdhut (OB Hut)
Der Jagdhut ist ein Hut mit hoher Hutkappe; die Krempe läuft nach vorn spitz zu und ist hinten hochgeschlagen. Die Form geht bis ins Mittelalter zurück.

Mit Jagdhut ist hier nicht jeder zur Jagd getragene Hut gemeint. (Abb. 81)
Syn.: Chasseur [französisch le chasseur = Jäger], Robin-Hood-Hut, Spessarthut

Abb. 82: Süßkind, der Jude von Trimberg, mit Judenhut (Person rechts), Codex Manesse, 1. Hälfte 14. Jhd.

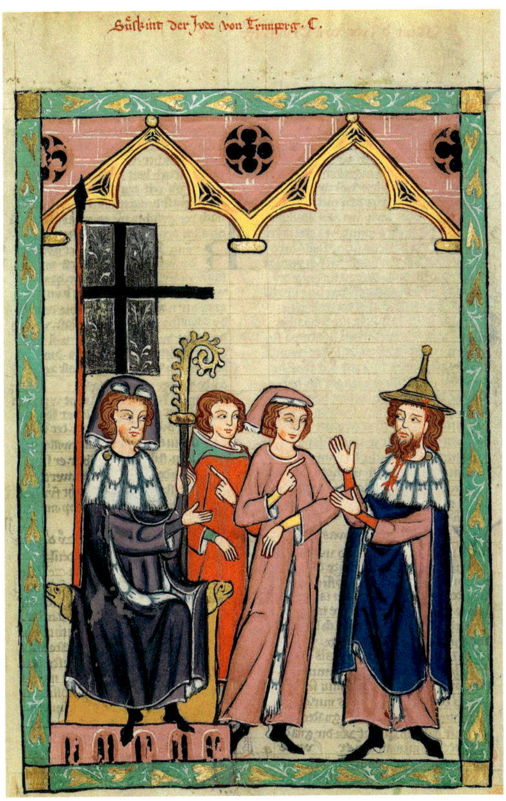

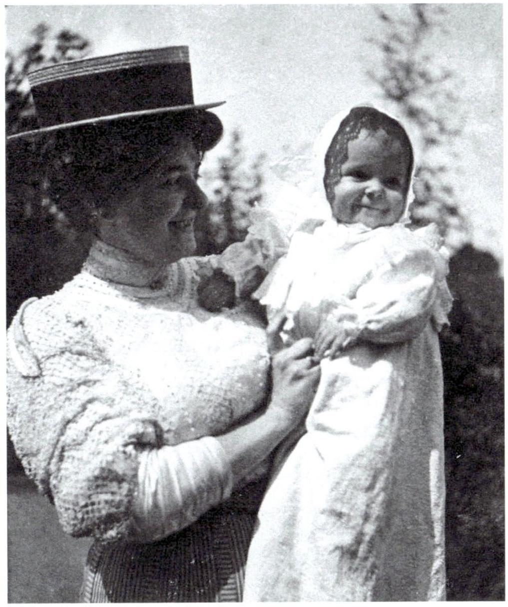

Abb. 83: Frau mit Kreissäge, Österreich, 1908

●●● Judenhut (OB Hut)
Der Judenhut ist ein gelber trichterförmiger Hut; er kann einen abschließenden Knauf besitzen. Er wird vom 12. bis zum 16. Jahrhundert getragen.

Weitere Formen des Judenhutes (hoch, spitz und gelb) sind bis ins 18. Jahrhundert nachweisbar.

Dass sich Juden in ihrer Kleidung einschließlich des Hutes von den Christen unterscheiden müssen, wird auf dem 4. Laterankonzil von 1215 festgelegt. (Abb. 82)

●●● Kinderhut*

●●● Kreissäge (Hut) (OB Hut)
Die aus Stroh gefertigte Kreissäge ist eine steife, runde bis ovale Kopfbedeckung mit waagerechter Krempe, flacher niedriger Hutkappe und dunklem Hutband. Die Oberfläche kann zur Härtung mit Schellack behandelt sein.

Die Kreissäge ist um 1860 ein Kinderhut, findet nach 1870 Eingang in die Damen- und um 1880 in die Herrenmode. Herren tragen sie bis etwa 1935, Frauen bis in die 1950er Jahre. (Abb. 83)

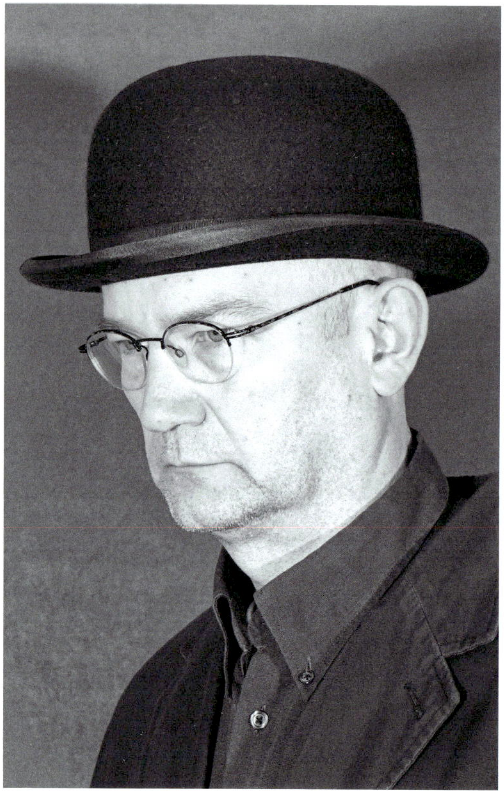

Abb. 84: Mann mit Melone, 2005

Syn.: Boater [englisch boater = Bootsfahrer], Butterblume (Hut), Canotier [französisch le canotier = der Ruderer], Girardihut [nach dem österreichischen Schauspieler Alexander Girardi, 1850–1918], Matelot [französisch le matelot = der Matrose], Matrosenhut, Maurice-Chevalier-Hut [nach dem französischen Schauspieler und Chansonier Maurice Chevalier, 1888–1972], Sonnenblume (Hut)

●●● Lodenhut*

●●● Männerhut*

●●● Melone (Hut) (OB Hut)

Die Melone [französisch le melon = Melone] ist ein steifer Hut mit annähernd halbkugelartiger Hutkappe; die Krempe kann geschwungen sein.

Mitte des 19. Jahrhunderts stellt die Londoner Firma Bowler & Son unter der Bezeichnung Bowler die erste Melone her.

Berühmtester Träger der Melone ist der britische Komiker, Schauspieler und Regisseur Charlie Chaplin (1889–1977); in seiner Filmrolle als »Tramp« (ab 1914) sind übergroße Schuhe, Spazierstock und Melone sein Markenzeichen. (Abb. 84)

Syn.: Billycock, Bowler, Coke, Derby [in den USA], Eiersieder, Erbse, Hartmann, Koks

●●● Modellhut*

●●● Panamahut (OB Hut)

Der Panamahut ist ein leichter weicher Strohhut aus Toquilla-Stroh oder aus den Blättern der Kolbenpalme. Er wird in verschiedenen Formen hergestellt und lässt sich zusammenrollen, ohne dass die Fasern zerstört werden.

Die ersten Panamahüte entstehen – noch nicht unter dieser Bezeichnung – um 1630 in Ecuador; Mitte des 19. Jahrhunderts kommen sie in Europa in Mode. Seit Anfang des 20. Jahrhunderts werden sie als Panamahut bezeichnet.

Abb. 85: Mann mit Panamahut, 2009

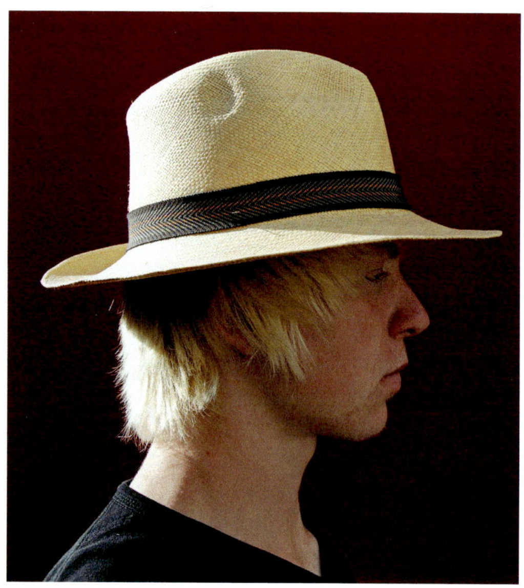

Eine Sonderform ist der Papierpanama, der aus mit Zelluloid überzogenem Papier geflochten ist. (Abb. 85)
Syn.: Chilehut, Guayaquilhut [benannt nach der Hauptstadt Guayaquil der ecuadorianischen Provinz Guayas], Panama

●●● **Pepitahut***

●●● **Pilgerhut** (OB Hut)
Der Pilgerhut hat eine breite, vorn aufgebogene Krempe. An der Vorderseite werden oft Pilgerzeichen angebracht. (Abb. 86)

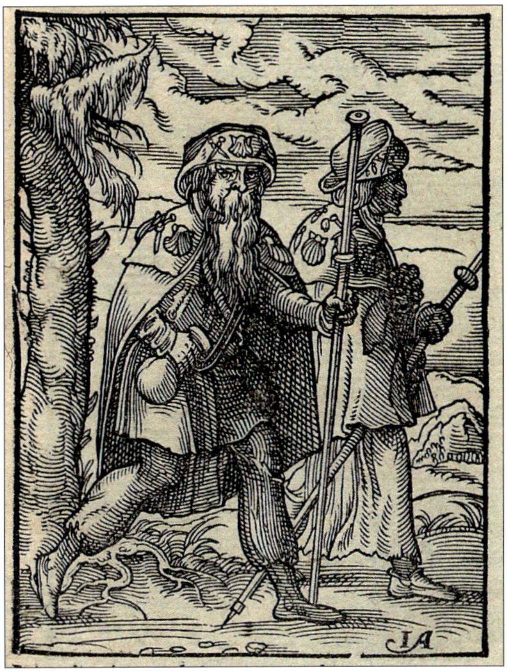

Abb. 86: »Die Jacobs Brüder« mit Pilgerhüten, Holzschnitt von Jost Amman im Ständebuch von Hans Sachs, 1568

●●● **Porkpie** (OB Hut)
Der Porkpie [englisch porkpie = Schweinefleischpastete] ist ein flacher Hut mit Tellerbeule und gerader, leicht aufgebogener Krempe.

Er kommt Mitte des 19. Jahrhunderts auf, findet – verstärkt durch künstlerische Vorbilder – seit den 1920er Jahre Verbreitung. Bekannter Träger

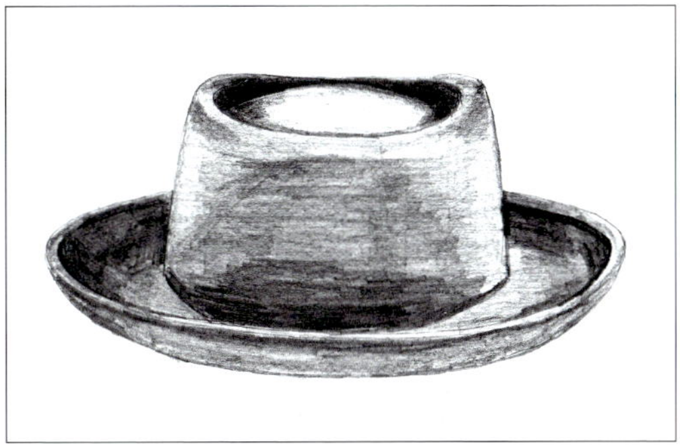

Abb. 87: Porkpie

ist der US-amerikanische Schauspieler und Komiker Buster Keaton (1895–1966), der ihn bereits 1917 in seinem Filmdebut »The Butcher Boy« trägt. (Abb. 87)
Syn.: Chapeau mambo [benannt nach der kubanischen Musikrichtung Mambo], Mambo, Reindl

●●● **Puritanerhut** (OB Hut)
Der Puritanerhut [benannt nach den Anhängern des englischen calvinistisch ausgerichteten Puritanismus] besitzt einen kegelstumpfförmigen Kopf und eine leicht abfallende Krempe.

Bis Ende des 18. Jahrhunderts entwickelt sich der Hutkopf zu einer zylindrischen Form. (Abb. 88)
Syn.: Pilgrimshut [benannt nach den englischen pilgrim fathers = Pilgerväter, die im frühen 17. Jahrhundert nach Neuengland emigrieren],

Abb. 88: Puritanerhut

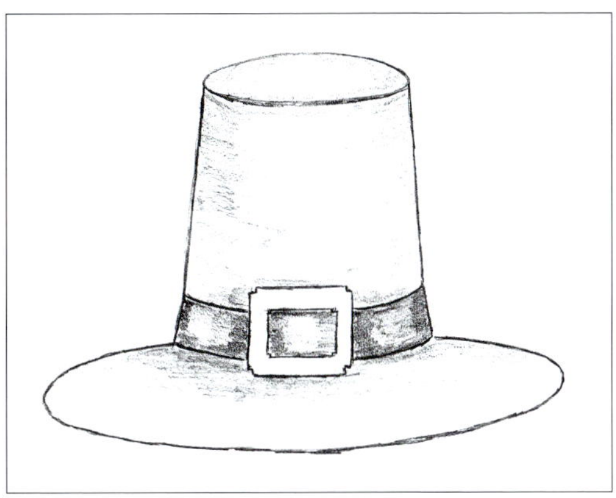

Quäkerhut [benannt nach den Mitgliedern der Religiösen Gesellschaft der Freunde], Wertherhut [benannt nach dem Titelhelden in »Die Leiden des jungen Werthers« von Johann Wolfgang von Goethe, 1774]

●●● **Rubenshut** (OB Hut)
Der Rubenshut [benannt nach dem niederländischen Maler Peter Paul Rubens (1577–1640)] ist ein Hut mit niedriger runder bis hoher zylindrischer Hutkappe und weit ausladender, geschwungener steifer Krempe.

Im beginnenden 17. Jahrhundert wird er von Männern und Frauen aus der Oberschicht getragen. Um 1900 ist er unter der Bezeichnung Rembrandthut Teil der Damenmode. (Abb. 89)
Syn.: Rembrandthut [benannt nach dem niederländischen Maler Rembrandt Harmenszoon van Rijn (1606–1669)]

Das Fräulein war eine schöne Dame, Ende dreißig, ganz Brunhilde mit Rembrandthut und Straußenfeder und selbstverständlich auch vorzügliche Reiterin.

Theodor Fontane: Meine Kinderjahre. Autobiographischer Roman. Hamburg 1949, S. 223

●●● **Saturno***

●●● **Schlapphut** (OB Hut)
Der Schlapphut hat eine breite, weiche Krempe; seine Hutkappe ist rund und ungesteift. Er wird oft mit Bändern und langen Federn ausgeputzt.

In der ersten Hälfte des 19. Jahrhunderts tragen ihn die deutschen Revolutionäre. (Abb. 90)
Syn.: Demokratenhut, Heckerhut [benannt nach dem Demokraten Friedrich Hecker (1811–1881)], Kalabreser [benannt nach den Einwohnern der italienischen Provinz Kalabrien], Karbonarihut [benannt nach der italienischen Freiheitsbewegung der Karbonari Anfang des 19. Jahrhunderts], Kavaliershut, Lobbia [benannt nach dem italienischen Politiker Christiano Lobbia (1826–1876)], Respondent

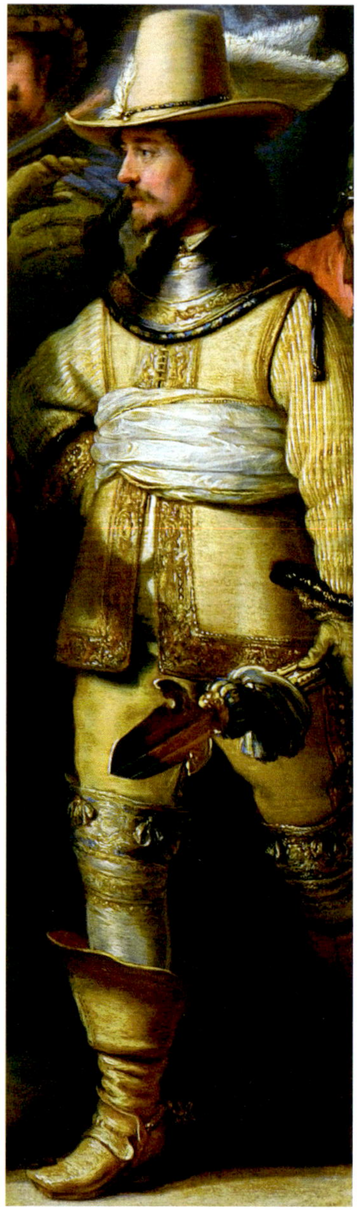

Abb. 89: Mann mit Rubenshut, Ausschnitt aus dem Gemälde »Die Nachtwache« von Rembrandt, 1642

Der Federschmücker macht aus den Federn gewisser Vögel Federbüsche für das Militär und zum Putz der Frauenzimmer. Die Federn müssen, ehe sie zu diesem Gebrauch verwendet werden können, gebeizt, geschwefelt, gebleicht und oft auch gefärbt werden.

Jacob Eberhard Gailer: Neuer Orbis Pictus für die Jugend […] Reutlingen 1835, S. 446

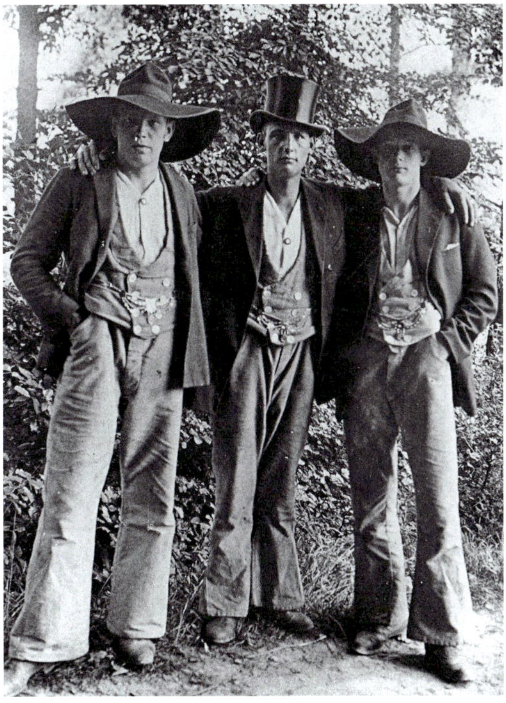

Abb. 90: Zwei Handwerksburschen mit Schlapphut, Deutschland, 1. Drittel 20. Jhd.

●●● **Schwinger** (OB Hut)
Der Schwinger ist ein Hut mit einer stark nach vorn und hinten ausgezogenen Krempe, die bei jedem Schritt schwingt/wippt.
Syn.: Wippe (Kopfbedeckung)

●●● **Snapbrim***

●●● **Sombrero** (OB Hut)
Der Sombrero [spanisch sombra = Schatten] ist ein besonders breitkrempiger Strohhut mit einer zuckerhutförmigen Hutkappe. (Abb. 91)
Syn: Mexikanerhut

●●● **Sommerhut***

●●● **Sonnenhut***

●●● **Stetson** (OB Hut)
Der Stetson hat eine breite, seitlich nach oben verlaufende Krempe, ein Hutband aus Leder oder aus

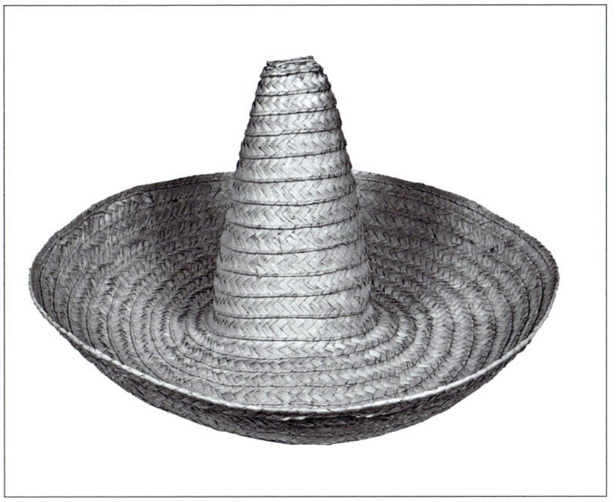

Abb. 91: Sombrero, 20. Jhd.

Ripsband sowie eine Hutkappe mit drei Einbuchtungen. Die Krempe fungiert bei Regen als Wasserrinne.

Der Stetson ist zu Beginn seiner Entwicklung, 1865, ein wasserabweisender Filzhut aus dem Unterfell des Bibers. Mittlerweile wird er auch aus anderen Materialien, zum Beispiel Kanin oder Stroh, hergestellt.

Er ist benannt nach dem amerikanischen Hutmacher John B. Stetson (1830–1906), der als Erfinder des Cowboyhutes gilt. (Abb. 92)
Syn.: Akubra [nach dem gleichnamigen australischen Hersteller], Cowboyhut, Westernhut

Abb. 92: Stetson

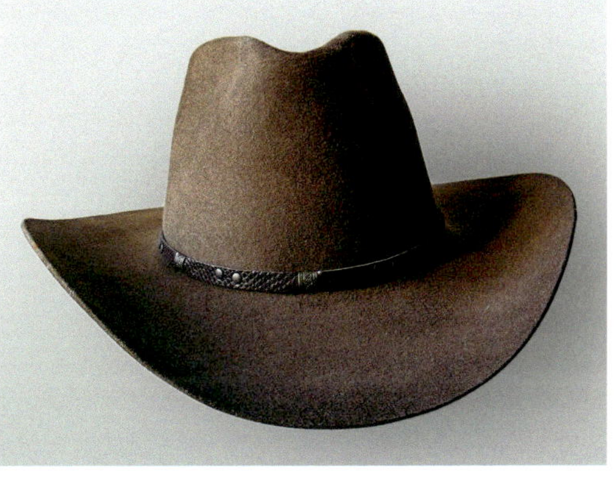

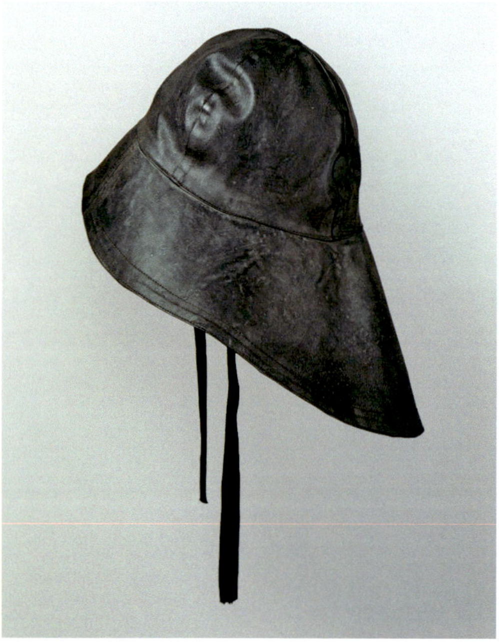

Abb. 93: Südwester (Seefahrerhut), deutsch, 2. Hälfte 20. Jhd.

●●● Stockhut*

●●● Strohhut*

●●● Südwester (Seefahrerhut) (OB Hut)
Die Krempe des Südwesters (Seefahrerhut) ist hinten breit und den Nacken bedeckend, vorn abstehend und hochklappbar. Der Südwester besteht zumeist aus Ölzeug.

Ursprünglich ist er eine Kopfbedeckung für Seefahrer. (Abb. 93)
Syn.: Schutzkappe, Wetterkappe

Die kalten Winde bliesen / Mir grad in's Angesicht; / Der Hut flog mir vom Kopfe, / Ich wendete mich nicht.

Aus: Wilhelm Müller, Der Lindenbaum, 1823

●●● Südwester (Uniformhut) (OB Hut)
Der Südwester (Uniformhut) ist ein Hut, dessen breite Krempe an einer Seite hochgeschlagen und an der Hutkappe befestigt werden kann. Die Krempe wird hochgeknöpft, um unbehindert das Gewehr tragen zu können.

Der Südwester (Uniformhut) wird zwischen 1894 und dem Ersten Weltkrieg von der Schutztruppe in deutschen Kolonien, unter anderem in Deutsch-Südwestafrika (heute: Namibia) und in Kamerun, getragen. Die Farbe der Kokarde kennzeichnet die jeweilige Kolonie. (Abb. 94)

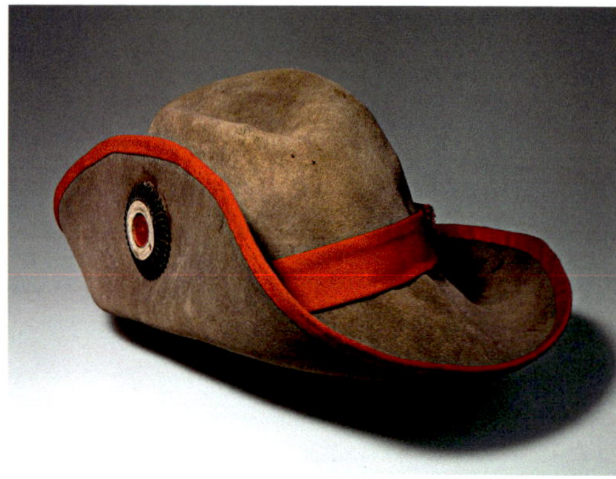

Abb. 94: Südwester (Uniformhut) der kaiserlichen Schutztruppe in Kamerun, nach 1897

●●● Tellerhütchen*

●●● Trachtenhut*

●●● Trenkerhut*

●●● Trotteur*

●●● Wagenradhut (OB Hut)
Der Wagenradhut ist ein runder Hut mit extrem breiter, steifer Krempe. Zumeist ist er reich mit Federn, Schleifen und künstlichen Blumen geschmückt.

In der Damenmode geschätzt wird er um 1910 und in den 1950er Jahren. (Abb. 95)

Die Putzmacherin verfertigt verschiedenen Putz für Frauenzimmer, als Hüte, Chemisetten mit Krägen und gefältelten Strichen [...] Die feinen Strohhüte der Frauenzimmer ziert sie mit Bändern von verschiedener Farbe und mit künstlichen Blumen, welche in

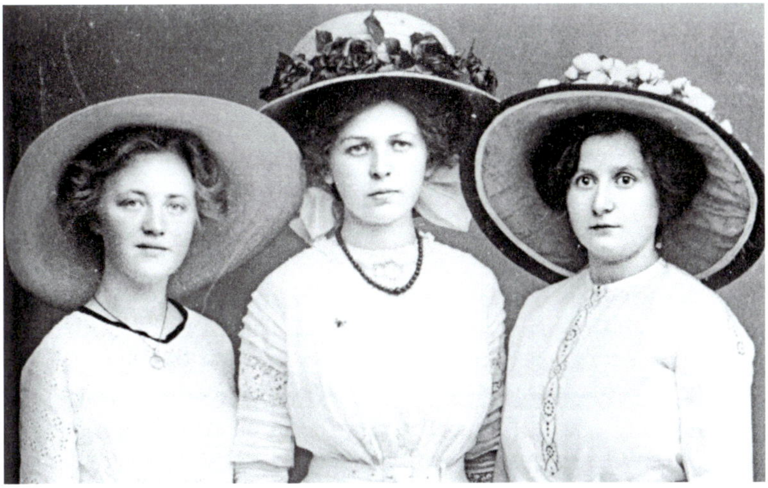

Abb. 95: Frauen mit Wagenradhüten, Deutschland, 1912

eigenen Fabriken aus Flor und Seide verfertigt werden. Sie weiß auch Blumen und andere Figuren nach Zeichnungen auszunähen oder zu sticken.

Jacob Eberhard Gailer: Neuer Orbis Pictus für die Jugend [...] Reutlingen 1835, S. 445–446

●●● Wollhut*

●●● Zweispitz (OB Hut)

Der Zweispitz ist ein steifer Hut, dessen Krempe auf zwei gegenüberliegenden Seiten senkrecht an der Hutkappe befestigt ist.

Beim Napoleonshut werden die dadurch entstandenen Spitzen zur Seite getragen, beim Wellingtonhut weisen die Spitzen nach vorn und hinten. Ist der Zweispitz Teil der Offiziersuniform, ist er zuweilen mit einem Federbusch, der Plumage, geschmückt.

Der Zweispitz wird in den 1780er Jahren entwickelt und bleibt bis ins zweite Jahrzehnt des 19. Jahrhunderts in Mode. Modegecken tragen ihn im Empire in übertriebener Form unter der Bezeichnung Incroyable. (Abb. 96)

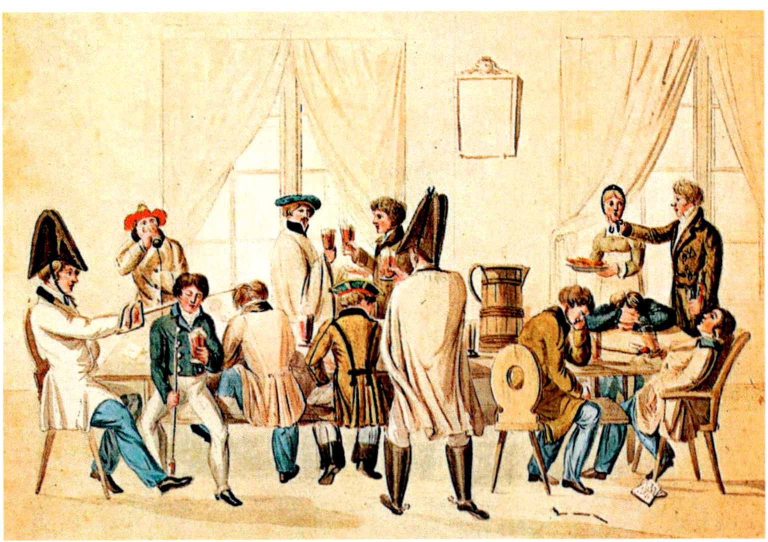

Abb. 96: Studentische Kneipszene, darunter Studenten mit Zweispitz, um 1810

Syn.: Incroyable [französisch incroyable = unglaublich], Kasket (Hut), Napoleonshut [benannt nach Napoléon Bonaparte (1769–1821)], Wellingtonhut [benannt nach Arthur Wellesley, 1st Duke of Wellington (1769–1830)], Zweikanthut, Zweimaster (Hut)

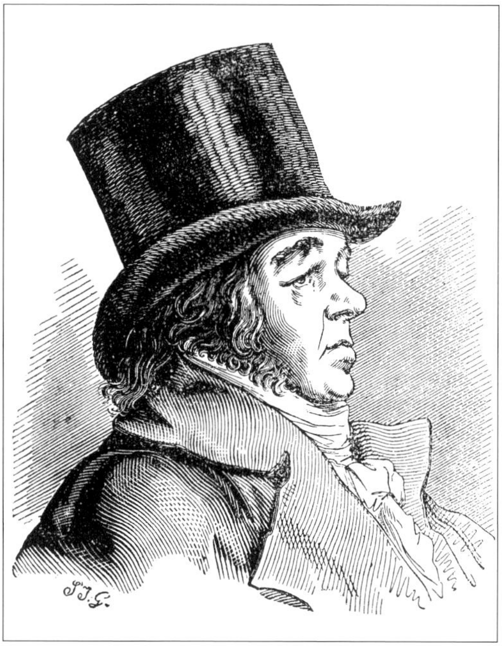

Abb. 97: Francisco Goya y Lucientes (1746–1828) mit Zylinder. Nach dem Selbstbildnis aus »Los caprichos«, 1799

●●● **Zylinder (Hut)** (OB Hut)
Der Zylinder ist ein hoher Hut mit steifer Krempe und Hutkappe, die eine zylindrische Form hat. Bisweilen ist der Zylinder trichterförmig nach oben erweitert.

Hüte in zylindrischer Form gibt es bereits seit dem 15. Jahrhundert. Sie werden unterschiedlich bezeichnet, zum Beispiel Hoher Hut, Kastorhut, Biberhut. Nach 1800 bürgert sich der Begriff Zylinder ein. (Abb. 97)
Syn.: Angströhre, Biberhut, Bibi, Castor, Cylinder, Dagobert-Duck-Zylinder, Hoher Hut, Kastor, Kastorhut, Ofenröhre, Tophead, Topper, Wichstopp, Zylinderhut

Zu Besuchen nahm man früher den Zylinder mit in den Salon – legte ihn nach unten auf das Sofa oder versteckte ihn unter dem Flügel oder einer Vitrine, die unangezogenen Handschuhe sorgfältig hineingelegt – heute läßt man Hut und Mantel nach amerikanischem Muster im Entree – es sei denn, man macht Abendbesuche auf eine Minute, wie sie bei uns nicht üblich sind – und da ist man bereits im Frack oder Smoking. – Übrigens Zylinder und Smoking – Teutone, mich fröstelt

Franz W. Koebner: Der Gentleman. Ein Herrenbrevier. Berlin 1913, S. 19

●● **Hutspange***

●● **Kalesche (Kopfbedeckung)** (OB Kopfbedeckung)
Die Kalesche ist eine durch mehrere Fischbeinreifen aufgespannte Kopfbedeckung, die in der Art eines Klappverdecks hoch- und zusammengeklappt werden kann.

Sie schützt die um 1770 bis 1780 üblichen hohen Frisuren. Eine Renaissance erlebt sie in den 1840er Jahren.
Syn.: Cabriolet (Kopfbedeckung), Calèche

●● **Kappe***

●● **Kapuze** (OB Kopfbedeckung)
Die Kapuze umhüllt den Kopf überwiegend oder komplett.

Als Schutzkleidung gegen Kälte, Wind und Regen besteht sie in der Regel aus wärmehaltendem und wasserdichtem Material.

Als Teil der Rüstung ist sie aus metallenem Kettengeflecht hergestellt und wird Panzerkapuze, Ringelkapuze, Kettenkapuze oder Härsenier/Hersenier genannt.
Syn.: Halskappe, Härsenier, Hersenier, Kettenkapuze, Panzerkapuze, Ringelkapuze

Alle Buben trugen lange, zugespitzte schwarze Kapuzen an den Mänteln; ich ließ meiner Mutter keine Ruhe, bis auch ich eine Kapuze besaß.

Heinrich Vierordt: Das Buch meines Lebens. Erinnerungen. 2. Aufl., Heidelberg 1934, S. 26

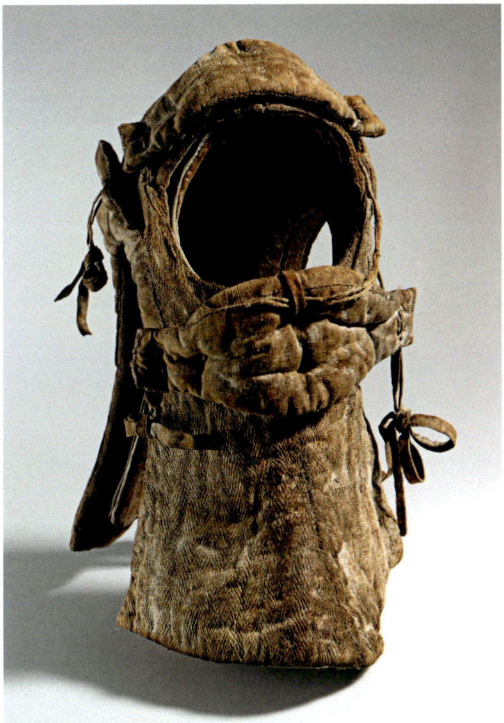

Abb. 98: Harnischhaube, 2. Hälfte 15. Jhd.

●●● **Harnischhaube** (OB Kapuze)
Die Harnischhaube ist eine eng anliegende Kapuze aus Textil oder Leder mit stoßdämpfender Fütterung und Gesichtsausschnitt.

Sie wird von Rittern unter den Helmen getragen. (Abb. 98)
Syn.: Batwát, Bundhaube, Coiffe, Helmhaube, Stechhaube, Unterkappe

●●● **Henkerhaube** (OB Kapuze)
Die Henkerhaube ist eine den Kopf vollständig bedeckende Kapuze mit zwei Augenausschnitten. Sie ist allerdings kein Kleidungsstück des Henkers, sondern ein Produkt romantischer Phantasien und wird zur Kostümierung, beispielsweise im Karneval, benutzt.

Die Henkerhaube gleicht den bisweilen spitz aufragenden Kapuzen der katholischen Büßer im spanischsprachigen Raum, welche die Prozessionen der Karwoche prägen.

Ähnlich geformt sind auch die Kapuzen des nach dem amerikanischen Bürgerkrieg 1865 gegründeten Ku-Klux-Klan. (Abb. 99)
Syn.: Henkerkapuze, Henkermaske, Henkershaube, Henkerskapuze, Henkersmaske

An alle Scharfrichter und Abdecker in Berlin und allen königlichen Landen. Nicht die blaue abgelegte Militäruniform ist zu tragen, sondern dunkelgraue Kleidung, dazu ein roter, spitzer Hut. Der Degen ist verboten.

Preußische Kleiderordnung für Scharfrichter, 1727. Zitiert nach Tankred Koch: Geschichte der Henker. Scharfrichter-Schicksale aus acht Jahrhunderten. Heidelberg 1988, Lizenzausgabe Herrsching 1991, S. 190

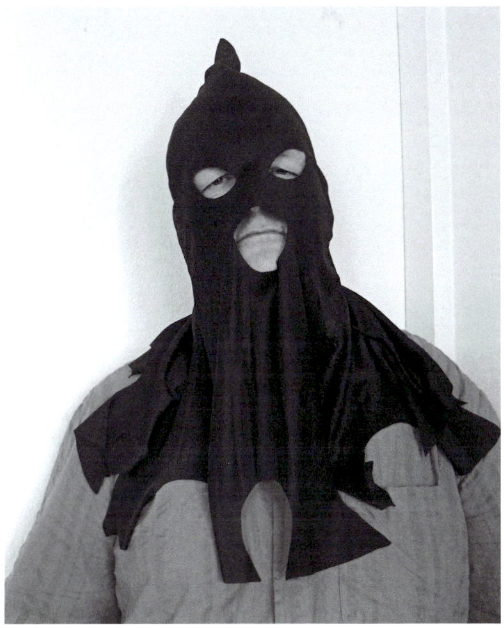

Abb. 99: Mann mit Henkerhaube, 2011

●●● **Imkerhaube** (OB Kapuze)
Die Imkerhaube ist eine Kapuze, an der ein Gesichtsgitter angesetzt ist, so dass der Kopf vollständig umschlossen wird.
Syn.: Bienenhaube

●●● **Kapuzenschal** (OB Kapuze)
Der Kapuzenschal ist eine Kapuze mit zwei langen zipfelartigen Seitenteilen, die wie ein Schal über der Brust gekreuzt, um den Hals oder um den Kopf geschlungen werden können.

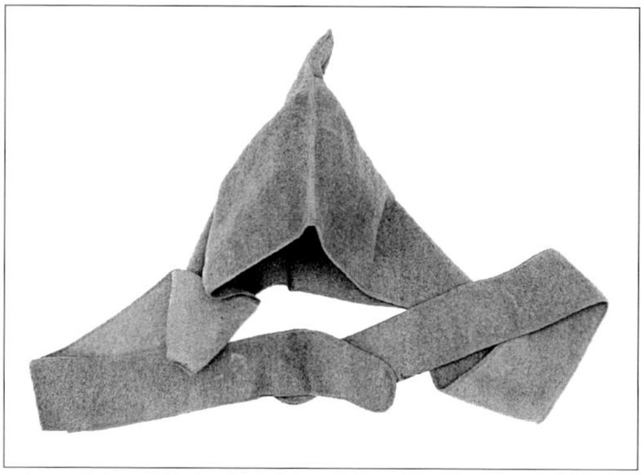

Abb. 100: Kapuzenschal, hier Baschlik, 20. Jhd.

Als Baschlik [turkisch basch = Kopf] wird sie in Russland, Kaukasien und auf der Balkanhalbinsel getragen. Sie ist Bestandteil der russischen Militäruniform. Durch den Krimkrieg (1853–1856) bekannt geworden, geht sie in die europäische Mode ein. (Abb. 100)
Syn.: Baschlik, Baschlyk

●●● **Kragenkapuze** (OB Kapuze)
Die Kragenkapuze ist eine Kapuze mit einem die Schultern bedeckenden Kragen.

Die im Mittelalter als Gugel bezeichnete Kragenkapuze erhält Ende des 13. Jahrhunderts einen hinten lang herabfallenden Zipfel, der in der zweiten Hälfte des 14. Jahrhunderts um den Kopf gewunden wird.

Die Narrenkappe greift im 16. Jahrhundert diese Form auf; sie kann mehrere Zipfel haben und mit Schellen versehen sein.

Die Almutia, die im Spätmittelalter zur Chorkleidung der Kanoniker gehörende Kragenkapuze, besteht aus Pelz und Seiden- oder Wollfutter. (Abb. 101)
Syn.: Almucia, Almutia, Gogel, Gugel (Kapuze), Kogel, Kugel (Kapuze), Kukulle, Narrenkappe (Kapuze)

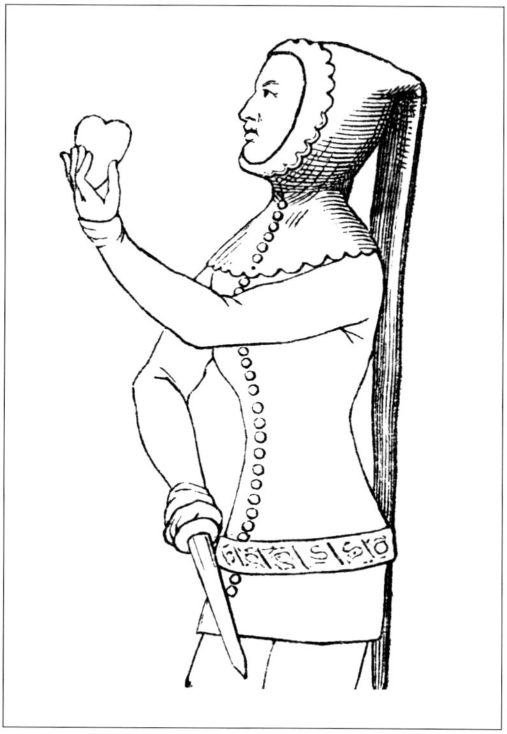

Abb. 101: Mann mit Kragenkapuze

●●● **Pesthaube** (OB Kapuze)
Die Pesthaube umschließt Kopf und Gesicht und fällt über die Schultern. Sie hat Sehöffnungen und einen schnabelartigen Fortsatz.

Der Schnabel ist mit Kräutern und Riechstoffen gefüllt, die den Pestarzt vor der hochansteckenden Krankheit schützen und den Gestank erträglicher machen sollen.

In Europa grassieren die letzten Pestepidemien im 18. Jahrhundert. (Abb. 102)
Syn.: Pestmaske, Schnabelmaske

●●● **Sturmhaube (Kapuze)** (OB Kapuze)
Die Sturmhaube ist eine eng anliegende Kapuze, die den kompletten Kopf und den Hals bedeckt. Sie lässt entweder das ganze Gesicht oder nur die Augen und den Mund, zuweilen auch nur die Augen frei. Sie hat entweder ein großes Sichtfenster für beide Augen oder ein geteiltes Sichtfenster mit Nasensteg.

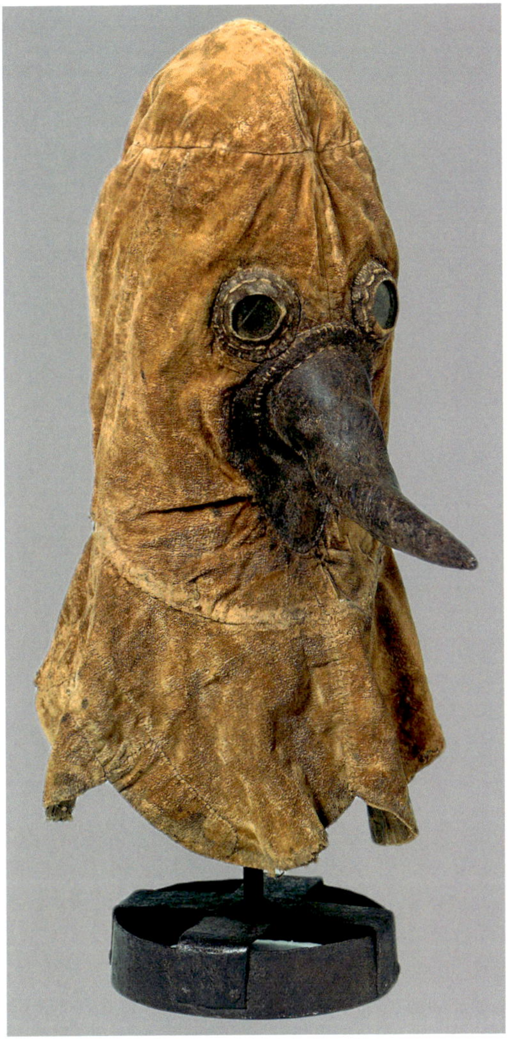

Abb. 102: *Pesthaube, 17. Jhd.*

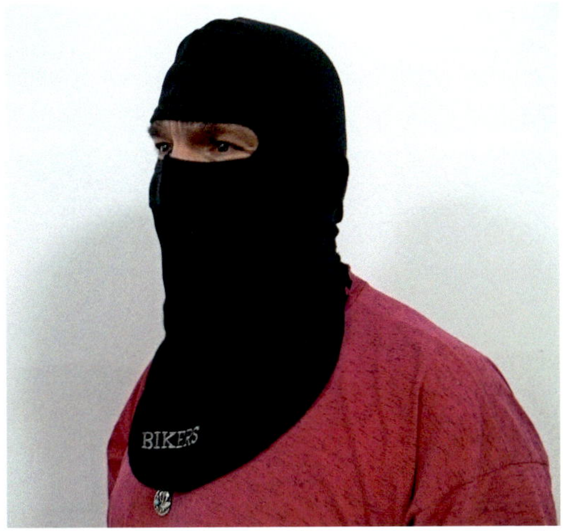

Abb. 103: Mann mit Sturmhaube (Kapuze), 2009

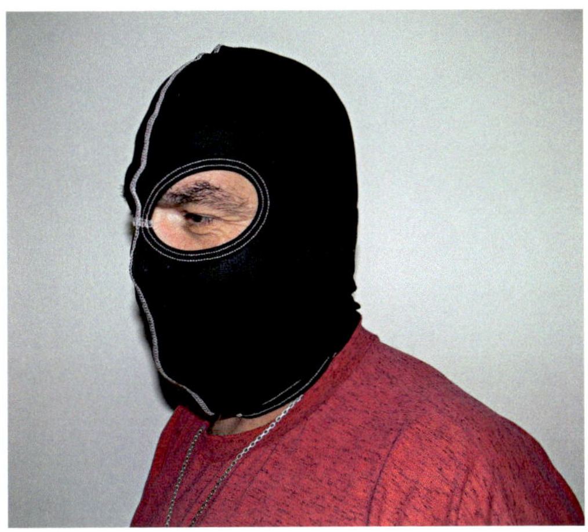

Abb. 104: Mann mit so genannter Eule, einer Sturmhaube (Kapuze) mit Nasensteg, 2009

Während des Krimkrieges (1853–1856) werden den britischen Truppenangehörigen zum Schutz gegen die Kälte gestrickte Sturmhauben geschickt, die nach dem Ort der Schlacht am 25.10. 1854 Balaklava genannt werden. (Abb. 103, 104)
Syn.: Balaclava, Balaklava, Eule (Kapuze), Flammschutzhaube, Hasskappe, Roger-Staub-Maske [benannt nach dem Schweizer Skifahrer Roger Staub (1936–1974)], Schlupfmütze, Skimaske, Sturmmaske

●● **Khimar** (OB Kopfbedeckung)
Beim Khimar handelt es sich um zwei dehnbare Schläuche aus textilem Material, und zwar um einen kleinen Schlauch, den die Frau von oben über den Kopf zieht und damit die Stirn bedeckt, und einen großen, den sie über den Kopf zieht und locker auf die Schultern fallen lässt.

Beide können übereinander getragen werden.

●● **Kopfmantel** (OB Kopfbedeckung)
Der Kopfmantel ist ein den Kopf umhüllender

ärmelloser Überwurf, der den Körper ganz oder teilweise bedeckt.

Auf dem Kopf gehalten wird er in unterschiedlicher Weise: Man hält den Kopfmantel mit beiden Händen vorn zusammen. Sein oberer Teil kann aber auch, zumeist mit Draht oder mit Pappe, so versteift sein, dass er auf den Kopf gesetzt werden kann. Oder er wird an einer Mütze befestigt beziehungsweise eine gedrechselte Holzschale mit emporstehendem Stiel oder einem Wollpompon hält ihn fest. (Abb. 105)
Syn.: Falge, Falje, Fele, Haike, Heuke, Hoike, Hoyke, Regenkleid, Regentuch, Tipheuke, Tiphoike, Trauermantel

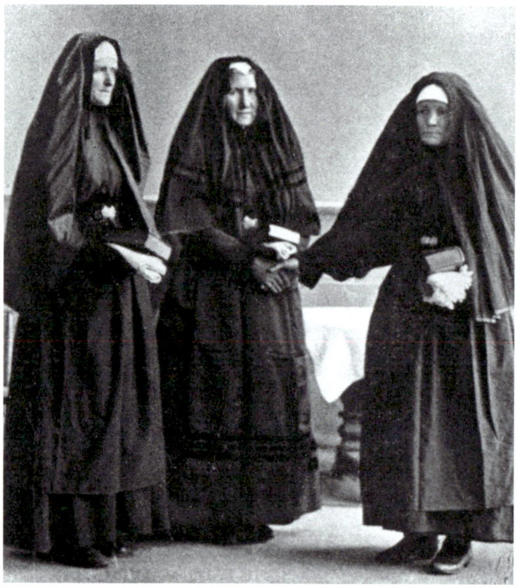

Abb. 105: Frauen mit Kopfmantel, Löhne, Kreis Herford, Ende 19. Jhd.

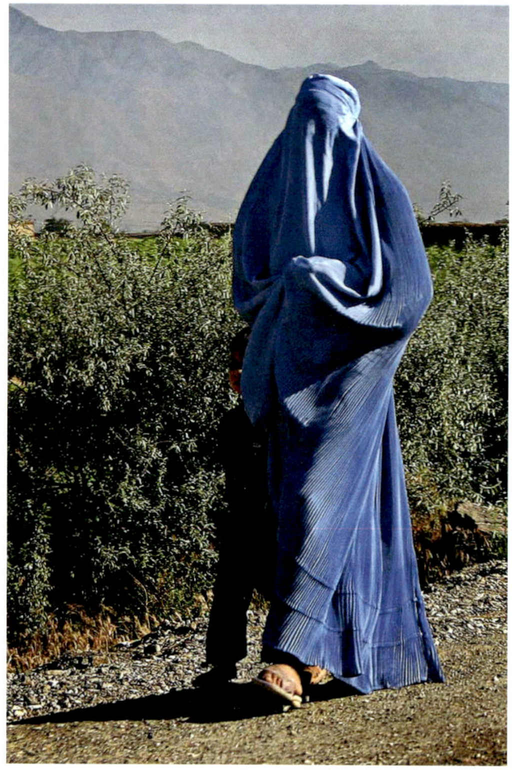

Abb. 106: Frau mit Burka, Nordafghanistan, 2005

●●● **Burka** (OB Kopfmantel)
Die Burka ist ein großes rundes Stofftuch, das in der Mitte mit einem flachen kappenförmigen Kopfteil vernäht ist und Kopf und Körper verhüllt. Im Bereich der Augen ist ein Schleier aus Rosshaar oder eine Art Gitter aus Stoff eingesetzt. (Abb. 106)
Syn.: Barga [in Pakistan], Burga

●●● **Tschador** (OB Kopfmantel)
Der Tschador besteht aus einem großen, in aller Regel dunklen Tuch. Dieses Tuch hat eine lange gerade Kante, zu der zwei etwas kürzere im rechten Winkel stehen. Sie gehen in eine lange, nach außen größer werdende Rundung über. Die lange Kante wird über den Kopf gelegt, so dass die kürzeren Kanten an der Seite, die Rundung hinten nach unten fällt. Lediglich das Gesicht – oder auch nur ein Teil des Gesichts – bleibt frei. (Abb. 107)
Syn.: Chador

●● **Kopftuch** (OB Kopfbedeckung)
Das Kopftuch wird am Kopf auf verschiedene Art und Weise gebunden. In häufig vorkommenden Varianten umschließt ein Dreieckstuch oder ein diagonal gefaltetes quadratisches Tuch das Haar und wird unter dem Kinn, an der Stirn oder am Hinterkopf gebunden.

Abb. 107: Frauen mit Tschador, Iran, 2005

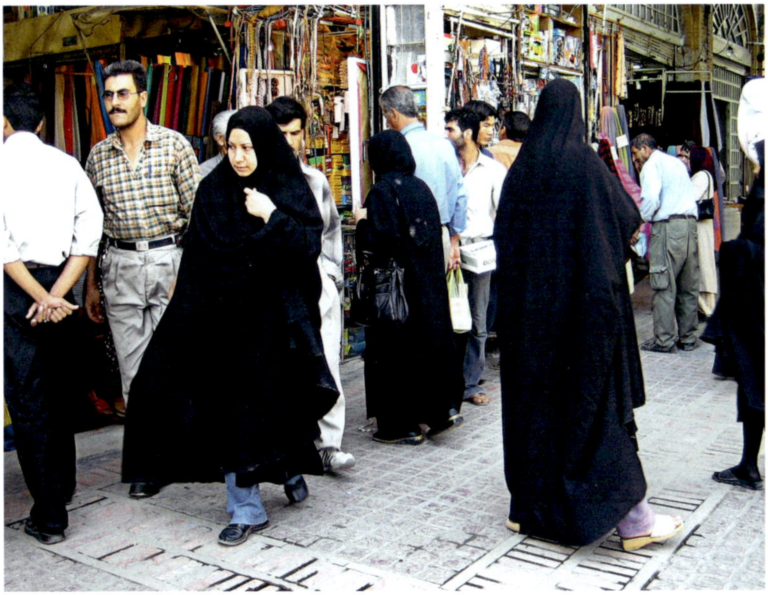

Die Größen des quadratischen Tuchs variieren von ca. 40 × 40 cm bis 110 × 110 cm. (Abb. 108)
Syn.: Bandana, Bandanna

●●● Fanchon*

●●● Palästinensertuch*

Abb. 108: Königin Elizabeth II. mit Kopftuch, Windsor, 2010

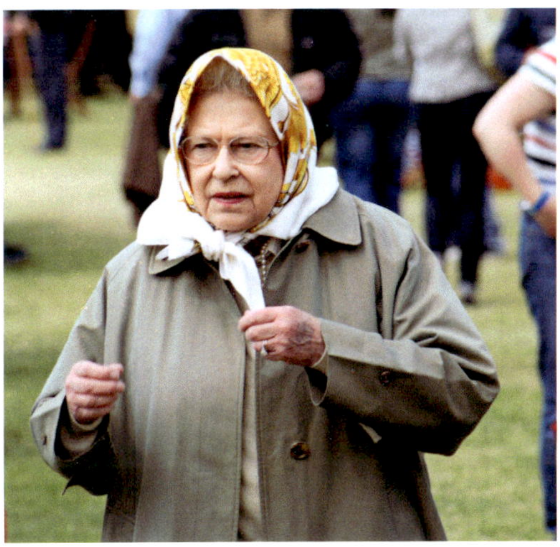

●● **Kranz** (OB Kopfbedeckung)

Der Kranz [althochdeutsch krenzen = umwinden] ist eine ringförmige Zusammenfügung von Materialien, im engeren Sinne zumeist eine Zusammenbindung von Blättern, Blumen und/oder Zweigen.

Seit der Antike werden Menschen zu feierlichen Anlässen bekränzt. Alltägliches Kleidungsstück höfischer junger Männer und Frauen ist der Kranz in der Minnesängerzeit. Im Mittelalter symbolisiert er als Brautkranz durch den Putz mit roten und weißen Rosen Liebe und Jungfräulichkeit. Seit dem 16. Jahrhundert wird der Kranz auch aus künstlichen Blumen gebunden. (Abb. 109, 110)
Syn.: Brautkranz, Ehrenkranz, Haarkranz, Imperatorreifen, Jungfernkranz, Jungfernkrone (Kranz), Jungfrauenkranz, Lorbeerkranz, Myrthenkranz, Siegerkranz

Wir winden dir den Jungfernkranz / Mit veilchenblauer Seide / Wir führen dich zu Spiel und Tanz / Zu Glück und Liebesfreude! / Schöner grüner, / Schöner grüner Jungfernkranz! / Veilchenblaue Seide!

Aus: Der Freischütz. Oper von Carl Maria von Weber. Libretto von Johann Friedrich Kind, 1821

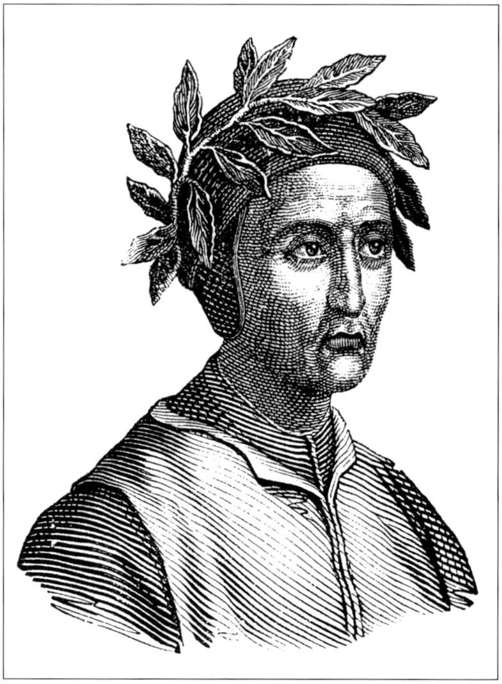

Abb. 109: Dante Alighieri (1265–1321) mit Lorbeerkranz, abgebildet in »Das Pfennig-Magazin«, 1841

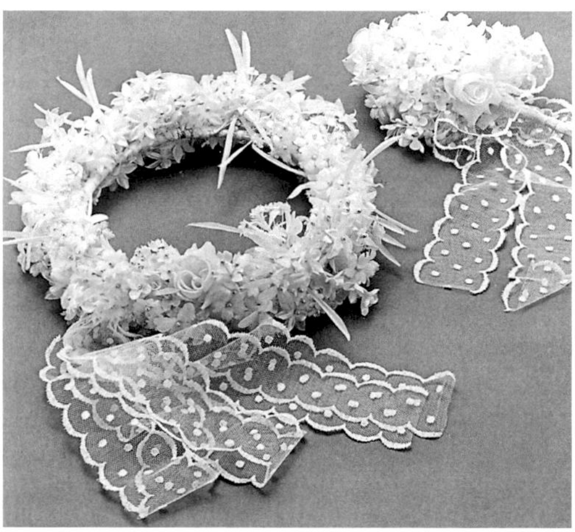

Abb. 110: Brautkranz, München, 1982

●●● **Totenkranz***

●● **Krone** (OB Kopfbedeckung)
Die Krone hat als Grundform einen Metallring, der den Kopf umschließt oder auf ihm sitzt. Sie ist mit unterschiedlichen Schmuckelementen aufgebaut. Abgeleitet von der ursprünglichen Funktion als Hoheitszeichen assoziiert man mit der Krone einen besonderen Rang.
Syn.: Korona

§. 6. Sie [die Kronen] brilliren insgesammt mit den kostbarsten Edelsteinen, die nur zu finden seyn. Die Crone, so der Kayser in Rußland Petrus I. seiner Gemahlin zur Crönung destinirt, ist so kostbar gewesen, daß dergleichen in Europa niemahls gesehen worden. Es soll sie ein Frantzose gemacht haben, und zehn biß zwölff Pfund schwehr gewesen seyn; Sie wurde von einigen biß auf 4 Millionen Rubeln an Werthe angegeben. Es sollen insonderheit an selbiger 2 Diamanten zu sehen gewesen seyn, die ein Persianischer Kauffmann an den Czaar verhandelt, und auf zwey hundert tausend Rubeln geschätzet worden.

Julius Bernhard von Rohr: Einleitung zur Ceremoniel-Wissenschafft der grossen Herren. Herausgegeben und kommentiert von Monika Schlechte. Neudruck der Ausgabe Berlin 1733, Leipzig 1990, S. 587

●●● **Adelskrone***

●●● **Brautkrone** (OB Krone)
Die Brautkrone hat einen mehr oder weniger hohen Aufsatz, der aus Glasperlen, künstlichen Blumen, Flitter etc. besteht.

Sie gehört in vielen Regionen zur Brautkleidung, bis sie durch den weißen Schleier abgelöst wird. Oft ist sie Eigentum der Gemeinde oder der Kirche und kann von jungfräulichen Bräuten ausgeliehen werden. (Abb. 111)
Syn.: Aufgesetz, Brautschappel, Hoher Kranz, Jungfernkrone (Krone)

[...] dann folgten die Brautjungfern, die schwere, hellblaue, brokatseidene Röcke trugen, welche schon mancher Generation gedient haben mochten. Gestickte Musselinschürzen darüber, das gefaltete

Tuch um den Hals, eine bunte Flitterkrone auf dem Kopf über den weit aus der Stirn gelegten Haaren; von der Krone hingen bunte, meist mit Gold durchwirkte Bänder bis zur Taille herab. Es waren oft bis zwanzig junge Mädchen Brautjungfern.

Nach diesen kamen wir Kinder, blumenstreuend, und dann die Braut, zwischen ihrem und meinem Vater. Sie trug einen schweren, schwarzseidenen Brokatrock, in dem wohl schon Urahne und Mutter getraut sein mochten; Schürze und Tuch wie die anderen, die bunte Krone aber mit Myrten durchwunden, daran Bänder, die bis zum Saum des Rockes reichten, vor der Brust einen Strauß von Rosmarin.

Hedwig von Bismarck: Erinnerungen aus dem Leben einer 95jährigen. Halle an der Saale 1910, S. 23

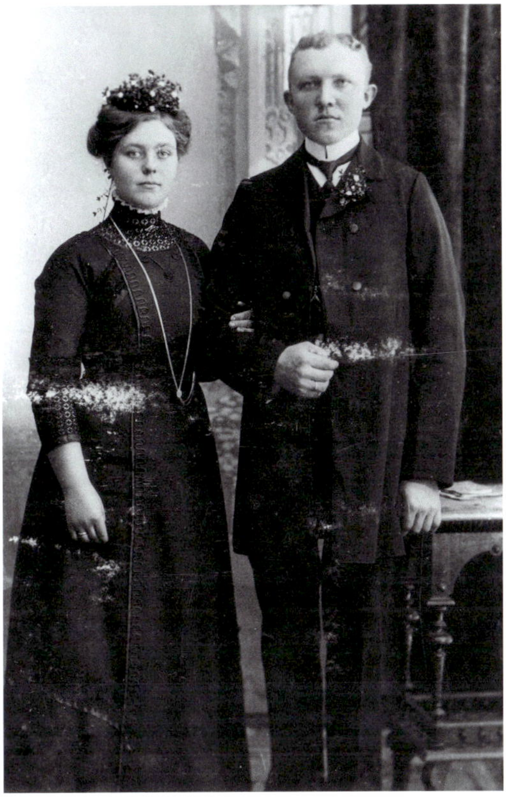

Abb. 111: Braut mit Brautkrone, um 1900

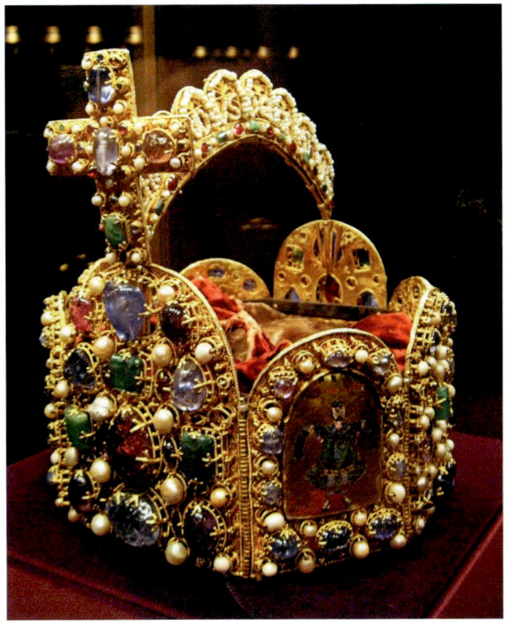

Abb. 112: Bügelkrone, deutsche Reichskrone, 10./11. Jhd.

●●● **Bügelkrone** (OB Krone)
Die Bügelkrone besitzt einen oder mehrere die Krone überspannende Bügel. (Abb. 112)
Syn.: Spangenkrone

●●● **Freiherrnkrone***

●●● **Fürstenhut***

●●● **Fürstenkrone***

●●● **Funeralkrone***

●●● **Geschlossene Krone** (OB Krone)
Das Kennzeichen der geschlossenen Krone ist, unabhängig von der Ausgestaltung des Reifs, die Kronenhaube. (Abb. 113)

●●●● **Stephanos** (OB Geschlossene Krone)
Der Stephanos ist eine kugelförmige, schmuckvoll verzierte Krone, in der Regel mit Ikonen und einem bekrönenden Kreuz versehen.

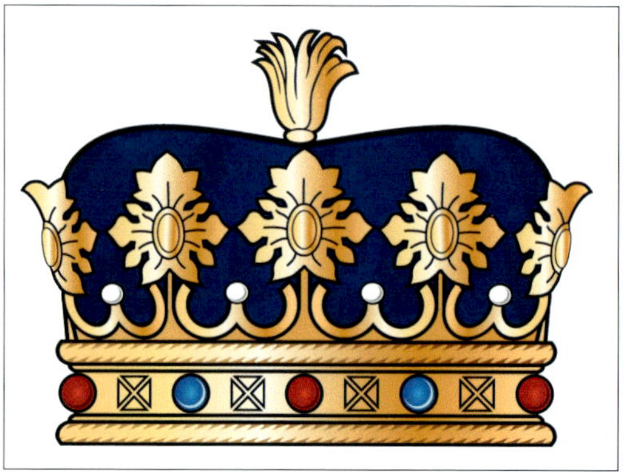

Abb. 113: Geschlossene Krone

Abb. 114: Patriarch Kyrill I. von Moskau mit Stephanos, 2009

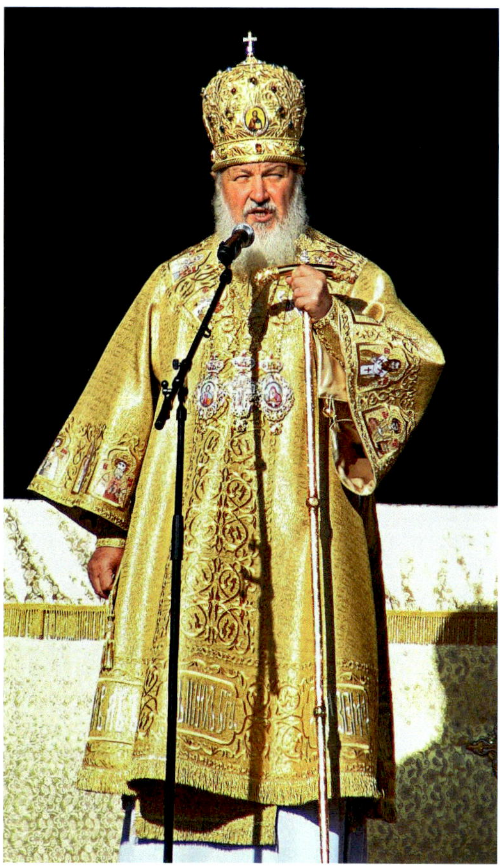

Er wird von Würdenträgern vieler orthodoxer und katholischer Ostkirchen getragen. (Abb. 114)

●●●● **Tiara** (OB Geschlossene Krone)
Die Tiara ist die hohe und spitze Kopfbedeckung der Päpste, bestehend aus drei übereinander platzierten Kronen mit Kronenhaube und bekrönendem Kreuz.

Die Tiara, Sinnbild für die römisch-katholische Kirche, entwickelt sich aus der Phrygischen Mütze, der im 12. Jahrhundert ein Stirnreif angefügt wird. Bonifatius VIII. (1294–1303) lässt diesen Stirnreif als Kronreif mit Zacken ausformen, über die er noch eine zweite Krone setzt. Die Tiara erhält ihre heutige Form von Papst Urban V. (1362–1370).

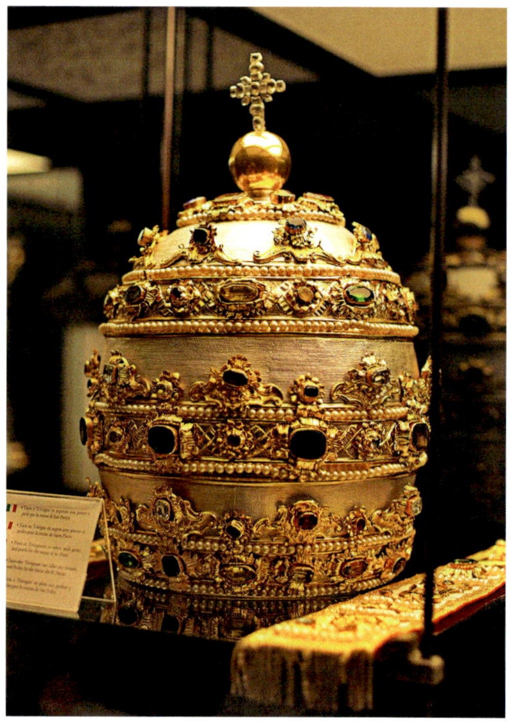

Abb. 115: Tiara, St. Peter, Vatikan

Da die Tiara als Papstkrone auch als Zeichen weltlicher Macht gilt, legt sie Papst Paul VI. im Jahr 1964 symbolisch ab. (Abb. 115)
Syn.: Papstkrone, Römische Krone

●●● Grafenkrone*

●●● Kaiserkrone*

Wem ham'se de Krone jeklaut? / Dem Wilhelm, dem Doofen, dem Oberjanoven, / dem ham'se de Krone jeklaut, ja, ja!

Anonym. In der zweiten Strophe des Spottliedes wird die Eingangsfrage beantwortet: Friedrich Ebert »klaute« Kaiser Wilhelm II. die Krone. Aus: Geschichte (1815–1979) in Liedern. Programmheft: Öffentliche Abendveranstaltung beim 22. Deutschen Volkskundekongreß '79. o. O. [Freiburg], o. J. [1979], S. 52–53

●●● Königskrone*

●●● Marienkrone*

●●● Mitrenkrone (OB Krone)

Bei der Mitrenkrone sind Mitra-artige Schilde eingearbeitet.

●●● Plattenkrone (OB Krone)

Bei der Plattenkrone ist der Reif aus einzelnen Platten zusammengesetzt. (Abb. 116)

●●● Primizkrone*

●●● Ritterkrone*

●●● Totenkrone*

●●● Zackenkrone (OB Krone)

Die Zackenkrone weist als dominantes Element einen zackenförmigen Aufbau auf. (Abb. 117)

Das bricht dir keinen Zacken aus der Krone.

Deutsche Redewendung

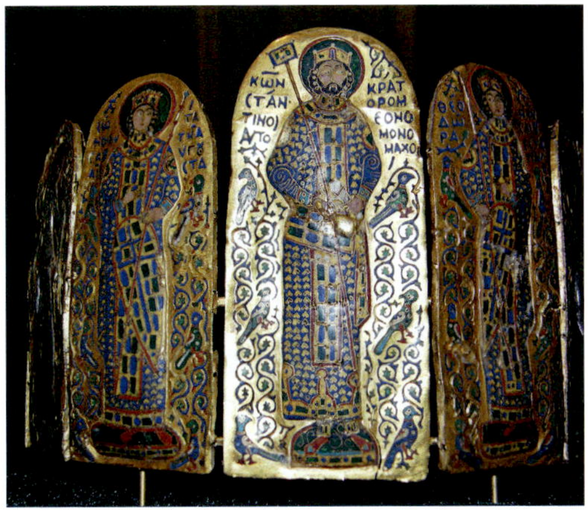

Abb. 116: Byzantische Plattenkrone, 11. Jhd.

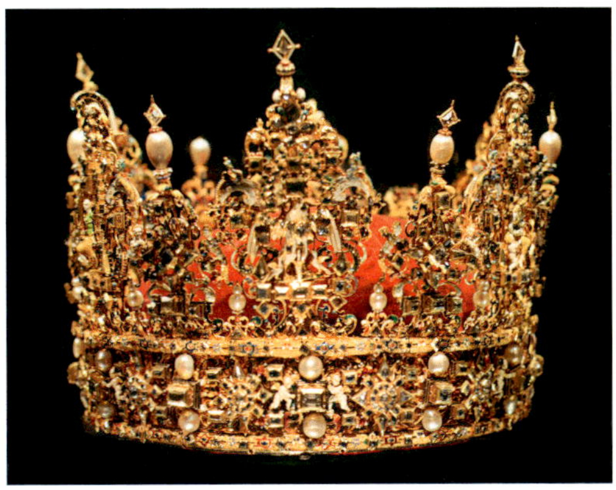

Abb. 117: Zackenkrone König Christians IV. von Dänemark (1577–1648)

●● Maske (OB Kopfbedeckung)

Die Maske [arabisch mas-chara = Scherz, Possenreißer] ist eine Kopfbedeckung, die das Gesicht oder Teile davon verdeckt. In der Regel sind Sehschlitze angebracht. Sie besteht aus textilen Stoffen, zum Beispiel Samt oder Taft, Papier oder Pappmaché, Leder, Gummi, Metall, Holz oder Kunststoff.

Die Maske kann mit Federn, Blumen, Flitter oder anderem Zierrat geschmückt sein.
Syn.: Larve (Maske)

Es kam ein Leutnant von der Garde, / der lud sie ein zum Maskenball: / Die schönste Maske sollst du tragen / von allen, die dort sind im Saal!
Als nun der Maskenball zu Ende, / da schlief sie ein, das war ihr Pech. / Da kam der Leutnant von der Garde / und raubte ihr die Unschuld weg.

Ein Mädchen kam einst von dem Lande. 4. und 5. Strophe. In: Volks- und Küchenlieder, illustriert von Bele Bachem, ausgewählt von Harro Torneck und Hermann Mährlen. München 1977, S. 53

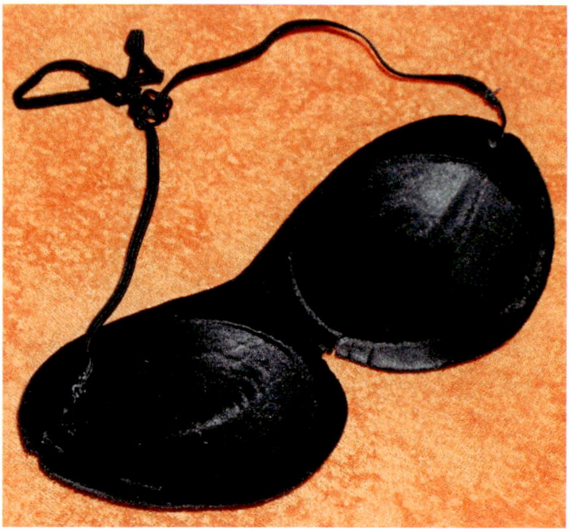

Abb. 118: Augenmaske, 2006

●●● Augenmaske (OB Maske)
Die Augenmaske verdeckt die Augenpartie.

Im 17. Jahrhundert werden Augenmasken in der Reise- oder Straßenkleidung von Frauen als Schutz gegen Staub und Witterung getragen. (Abb. 118)

Abb. 119: Gasmaske, deutsch, 1942

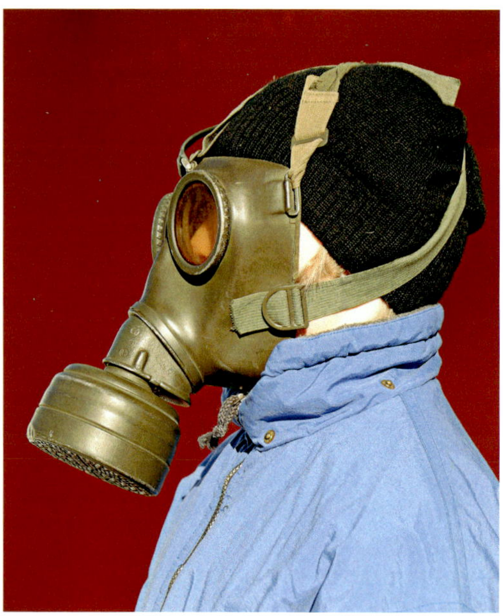

Syn.: Nachtmaske, Schlafbrille, Schlafklappe, Schlafmaske

●●● Gasmaske (OB Maske)
Die Gasmaske ist eine mindestens das Gesicht bedeckende Maske, die den Träger vor dem Kontakt mit giftigen Stoffen schützt. Sie wird hinter dem Kopf befestigt. Die Gasmaske kann aus Gummi, Kunststoff, Leder oder Stoff bestehen und besitzt einen Atemschutzfilter, der entweder direkt an der Maske befestigt oder durch einen Schlauch mit ihr verbunden ist. (Abb. 119)
Syn.: Rüssel

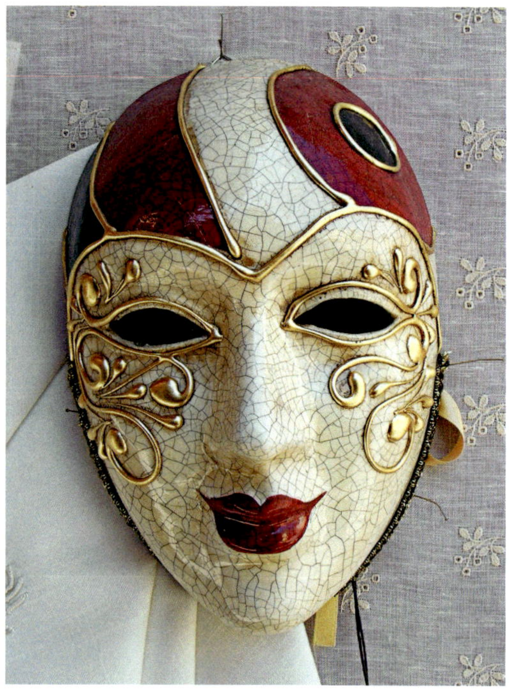

Abb. 120: Gesichtsmaske aus dem venezianischen Karneval, 2008

●●● Gesichtsmaske (OB Maske)
Die Gesichtsmaske verdeckt das ganze Gesicht. Sie besitzt eine Öffnung für die Augen, den Mund, zuweilen auch für die Nase. Gehalten wird die Maske durch Bügel, ein um den Kopf geführtes Band oder andere Vorrichtungen. (Abb. 120)
Syn.: Glattlarve, Larve (Gesichtsmaske)

Die Zeitung fiel zur Erde. Seine zitternde behandschuhte Rechte glitt tastend über die kalte Marmorfläche des Tisches. Mit der Linken rückte er die Gesichtsmaske zurecht. Sie hatte sich verschoben.

Klabund: Der Mann mit der Maske. In: Ders., Kunterbuntergang des Abendlandes. München 1922, S. 87–93, hier S. 93

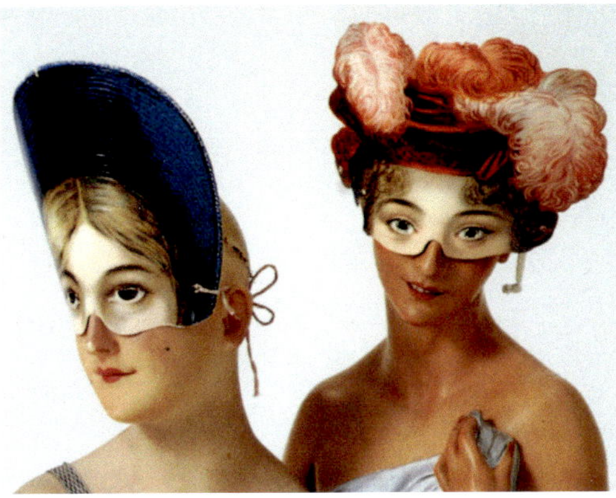

Abb. 121: Halbmasken, hier so genannte Hutmasken, Erfurt, 1910

●●● **Halbmaske** (OB Maske)
Bei der Halbmaske werden die Augenpartie und die Nase von der Maske bedeckt. Die Nasenpartie ist oft gestaltet. Zuweilen ist darunter ein Bart angebracht. (Abb. 121)
Syn.: Hutmaske

Abb. 122: Einfacher Mundschutz, 2012

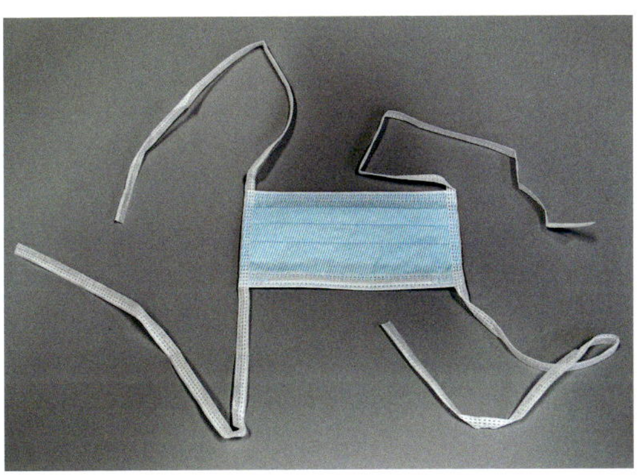

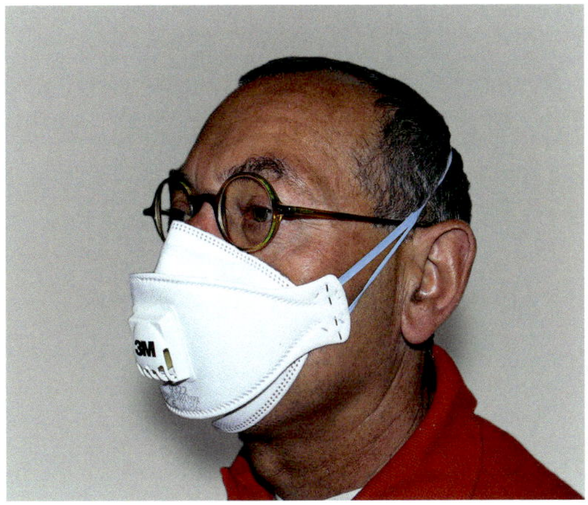

Abb. 123: Mann mit Mundschutz mit Atemventil, 2010

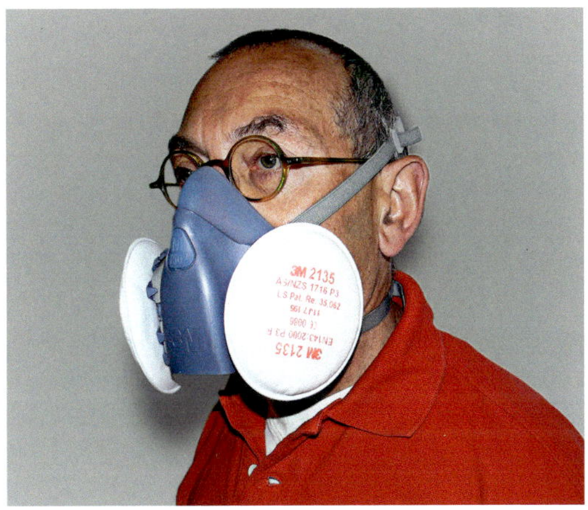

Abb. 124: Mann mit Atemschutzmaske, 2010

●●● **Mundschutz** (OB Maske)
Der Mundschutz bedeckt mindestens Mund und Nasenlöcher. Er schützt den Träger und/oder sein Gegenüber. (Abb. 122, 123)
Syn.: Gesichtsschutz

●●●● **Atemschutzmaske** (OB Mundschutz)
Die Atemschutzmaske ist eine mindestens die Nasen- und Mundpartie bedeckende Maske mit Partikelfilter, die den Träger vor dem Einatmen giftiger Stoffe schützt. (Abb. 124)

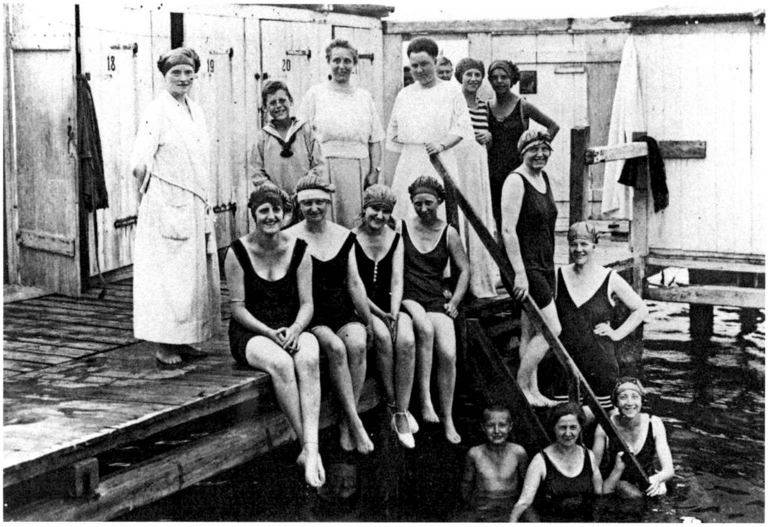

Abb. 125: Frauen mit Bademützen im Freibad Münster, um 1920

●●● **Stabmaske** (OB Maske)
Die Stabmaske ist eine an einem Stab befestigte und mit diesem vor das Gesicht gehaltene Maske.
Syn.: Venezianische Maske

●● **Mütze** (OB Kopfbedeckung)
Die Mütze ist eine Kopfbedeckung ohne Krempe. Sie kann mit Schirm und/oder Ohrenklappen versehen sein.
Syn.: Deckel (Mütze)

●●● **Babyhäubchen***

●●● **Babymützchen***

●●● **Bademütze** (OB Mütze)
Die Bademütze besitzt einen eng am Kopf anliegenden Rand. Sie ist entweder bauschig oder eng gearbeitet und besteht aus wasserfestem oder wasserdichtem Material. Sie kann mit einem Kinnriemen versehen sein.

Um 1780 wird die Bademütze unter der Bezeichnung Baigneuse aus Frankreich übernommen; bis zur Mitte des 19. Jahrhunderts wird sie in verkleinerter Form auch in Gesellschaft getragen. (Abb. 125)
Syn.: Badehaube, Badekappe, Baigneuse [französisch la baigneuse = Badende], Duschhaube, Schwimmhaube, Schwimmkappe

●●● **Barett** (OB Mütze)
Das Barett ist eine runde, zuweilen viereckige, oft ausladende, weiche Kopfbedeckung ohne Krempe. Zumeist besteht es aus Samt oder Pelz. Es kann mit Steg und Ohrenklappen versehen sein. Oft ist es mit Federn, Perlenschnur oder Schmuckspange geschmückt.

Vom Ende des 15. bis zum Ende des 16. Jahrhunderts ist es Teil der Modekleidung, gehört danach ausschließlich zur Amtskleidung von protestantischen Geistlichen, Professoren, Richtern u.a., bevor es seit Anfang des 19. Jahrhunderts zeitweise wieder in Mode kommt. (Abb. 126)
Syn.: Barrett, Béret [Schweiz], Faltenbarett, Lutherbarett [nach dem Reformator Martin Luther (1483–1546)], Nassauer Barett, Priesterbarett, Professorenbarett, Richterbarett, Sechseckiges Barett, Wagnerkappe [nach dem deutschen Komponisten Richard Wagner (1813–1883)]

Seine Majestät der Kaiser und König haben mittels des abschriftlich beiliegenden Allerhöchsten Erlasses vom 15. April d. Js. den vier Fakultäten der Universität zu Marburg das Recht zu verleihen geruht, bei feierlichen Anlässen eine Amtstracht anzulegen, wie sie im allgemeinen für die gleichen Fakultäten an fast allen übrigen Universitäten eingeführt ist. […] Sie besteht aus einem in Brusthöhe geschlossenen Talar und einem Barett im Schnitt des in Heidelberg

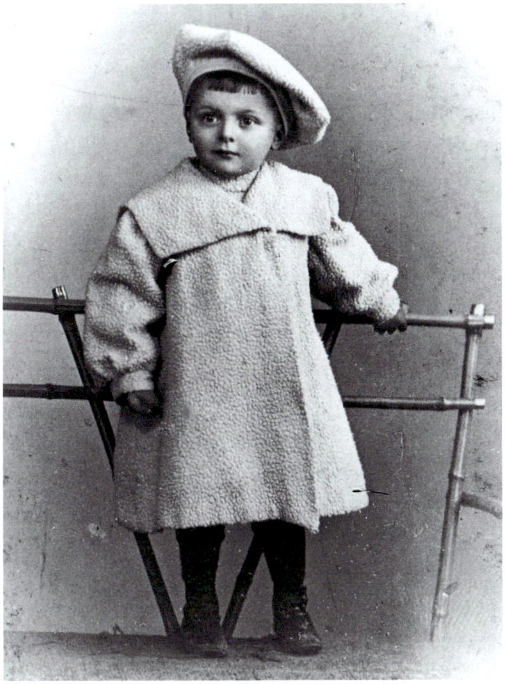

Abb. 126: Kleinkind mit Barett, Berlin, um 1900

getragenen. […] Das Barett ist für die Dekane sowohl wie für die Professoren in der Fakultätsfarbe auszuführen.

Aus einem Schreiben des Ministers der geistlichen und Unterrichts-Angelegenheiten, Berlin, an den Herrn Universitätskurator in Marburg vom 1. Mai 1911

Abb. 127: Baskenmütze, um 1980

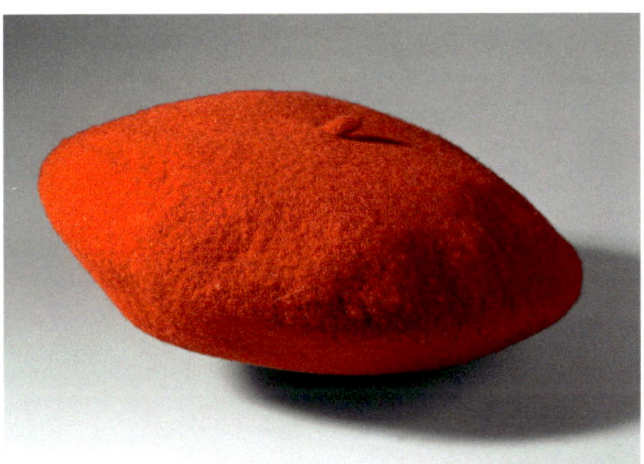

●●●● **Baskenmütze** (OB Barett)
Die Baskenmütze ist eine weiche, flache, runde, schirm- und steglose Filzmütze, auf der mittig ein kleiner Filzzipfel angebracht ist. (Abb. 127)
Syn.: Baske, Pullmankappe, Pullmannmütze

●●●● **Ohrenklappenbarett** (OB Barett)
Das Ohrenklappenbarett besitzt eine Ohren und Nacken umschließende Klappe. (Abb. 128)

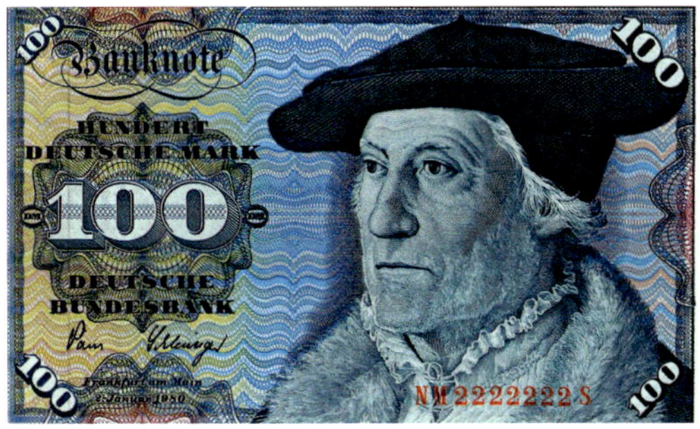

Abb. 128: Sebastian Münster mit Ohrenklappenbarett, Abbildung auf 100 DM-Schein, nach einem Gemälde von Christoph Amberger

●●● **Bibermütze***

●●● **Birett** (OB Mütze)
Das Birett ist eine feste Kopfbedeckung ohne Krempe; es ist gerundet und kann eine Quaste oder eine Öse auf dem Scheitel haben. Nach 1600 ist es zumeist viereckig und hat drei oder vier bogenförmige Aufsätze. Das Birett wird hauptsächlich im klerikalen Kontext benutzt.

Die Farbe des Biretts ist bei Kardinälen rot, bei (Erz-)Bischöfen außerhalb Roms und Prälaten violett. Unter der Bezeichnung Infula lässt es sich bis in das 19. Jahrhundert, unter der Bezeichnung Pileus bis in das 12. Jahrhundert zurückverfolgen.

Hat das Birett eine Spitze, nennt man diese Apex.

Minibiretts werden in Rom unter der Bezeichnung Birettino als Souvenir verkauft. (Abb. 129)
Syn.: Biret, Birettino, Infula, Pileus (Birett), Preußenbarett

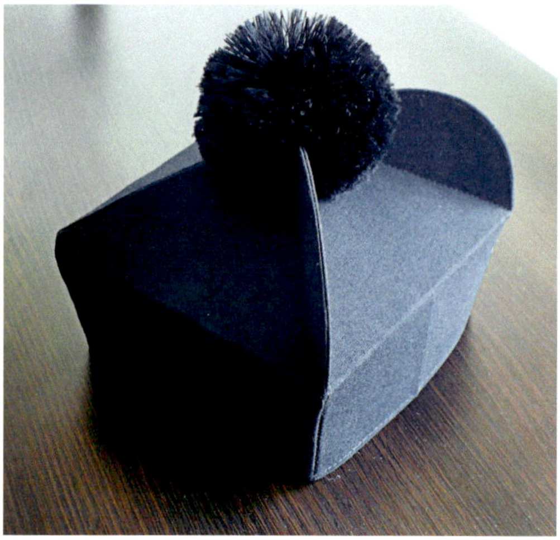

Abb. 129: Birett, 2008

Abb. 130: Marinesoldat mit Bobbymütze, USA, 1. Hälfte 20. Jhd.

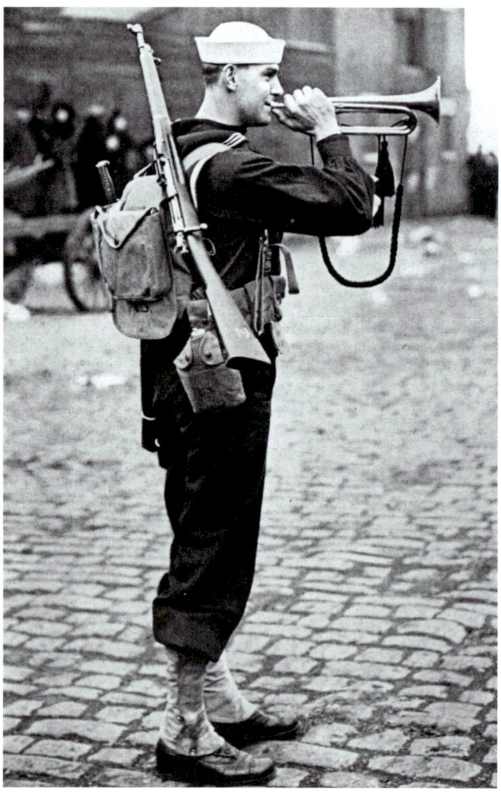

●●● **Bobbymütze** (OB Mütze)

Die Bobbymütze ist eine halbhohe runde Mütze mit hochstehendem Rand. Zuweilen ist auf ihr eine Bommel angebracht.

Ihren Ursprung hat die Bobbymütze in der US-amerikanischen Marine. Um 1930 wird sie als Sportmütze von Frauen und Männern getragen.

Nicht gemeint ist hier die in den 1960er Jahren als Bobby-Cap bezeichnete Schirmmütze, die der Modeschöpfer Heinz Oestergaard (1916–2003) in Anlehnung an die Kopfbedeckung englischer Polizisten – »Bobbys« – 1960 kreiert und auf den Markt bringt. (Abb. 130)

Syn.: Bobbycap

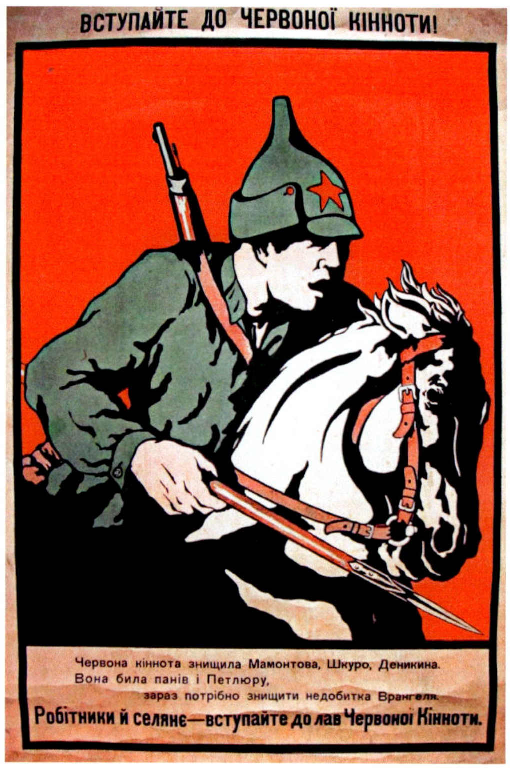

Abb. 131: Mann mit Budjonowka, sowjetisches Plakat von 1920

●●● **Budjonowka** (OB Mütze)

Die Budjonowka ist eine nach oben spitz zulaufende Mütze mit Schirm und nach oben klappbaren Seitenteilen.

Sie wird in der Roten Armee von 1918 bis ca. 1940 getragen. (Abb. 131)
Syn.: Bogatyrka, Budenovka, Budionovka, Budjonnymütze [benannt nach Semjon Michailowitsch Budjonny (1883–1973), Marschall der Sowjetarmee]

●●● **Camauro***

●●● **Docker Cap***

●●● **Doktorhut** (OB Mütze)
Der Doktorhut ist eine steife Mütze mit quadratischem auskragendem Deckel und darauf mittig

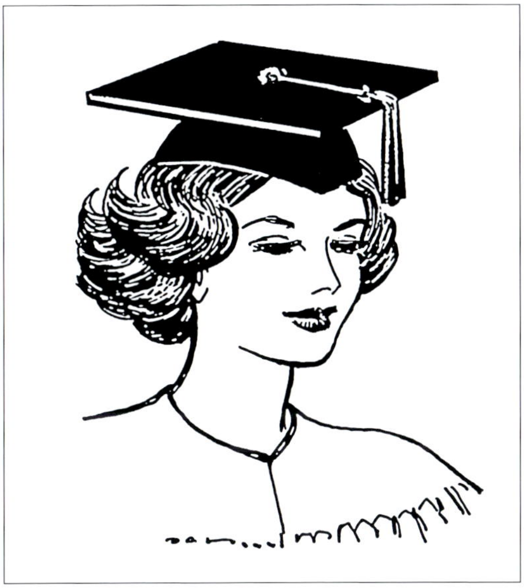

Abb. 132: Doktorhut

befestigter Quaste. Das Kopfteil ist kalottenförmig oder besteht aus einem umlaufenden Steg. (Abb. 132)
Syn.: Doktorbarett, Doktorgugel, Doktorhäublein, Doktorkappe, Doktormütze, Mortarboard

●●● **Fes** (OB Mütze)
Der Fes ist eine Kopfbedeckung in der Form eines stumpfen Kegels, zumeist mit schwarzer Quaste. Er besteht in der Regel aus Filz.

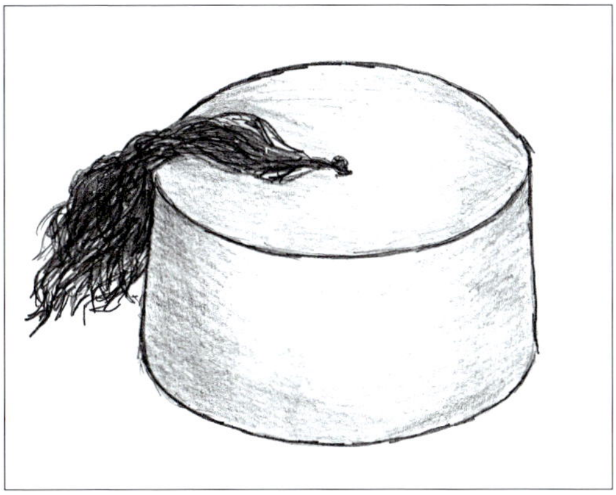

Abb. 133: Fes

Benannt ist er nach der marokkanischen Stadt Fès. (Abb. 133)
Syn.: Fez, Tarbusch, Türkenkappe

●●● **Fliegermütze** (OB Mütze)
Die Fliegermütze ist eine meist aus Leder bestehende Kopfbedeckung. Sie liegt eng am Kopf an, wird mit verstellbarem Kinnriemen festgezurrt

Abb. 134: Mann mit lederner Fliegermütze, 2010

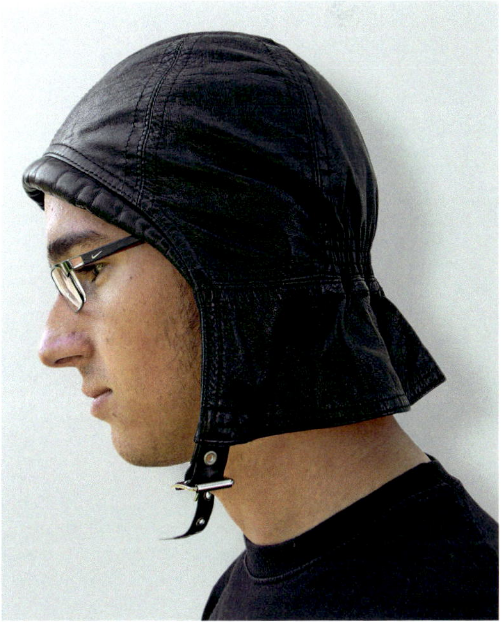

und bedeckt die Ohren und einen Großteil der Wangen. (Abb. 134)
Syn.: Autokappe, Automobilkappe, Automütze, Motorradkappe, Motorradmütze, Pilotenkappe

Der Schornsteinfeger trägt bei seiner Verrichtung Kleider aus Leder, und sein Kopf ist mit einer großen ledernen Mütze bedeckt.

Jacob Eberhard Gailer: Neuer Orbis Pictus für die Jugend [...] Reutlingen 1835, S. 631

Abb. 135: Husarenpelzmütze, hier die so genannte Bärenfellmütze der britischen Armee, Windsor, 1968

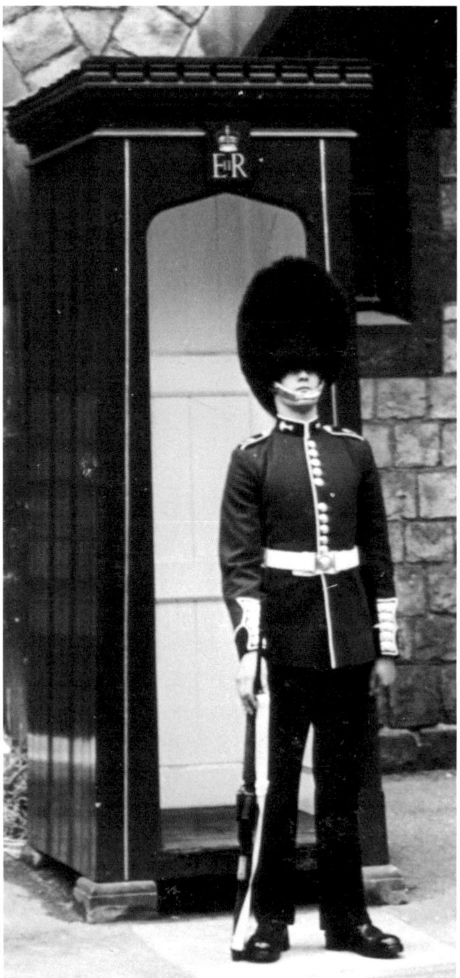

●●● **Hausmütze***

●●● **Husarenpelzmütze** (OB Mütze)
Die Husarenpelzmütze ist eine hohe bis sehr hohe, nahezu zylindrische Mütze aus Pelz oder Fell, zum Beispiel von Bär, Zobel oder Otter, Lamm; sie ist oft mit Kinnriemen versehen und teilweise mit Mützenbeutel, Schuppenketten, Federn, Agraffen u. Ä. verziert.

Wenngleich die Husarenpelzmütze vorwiegend im militärischen Bereich getragen wird, hat sie gelegentlich auch Eingang in die Modekleidung gefunden, wird hier sowohl von Frauen als auch von Männern getragen.

Bis in das 19. Jahrhundert ist sie in vielen europäischen Armeen nicht nur bei Husaren verbreitet.

Aus Bärenfell gearbeitete Mützen werden bereits im 17. Jahrhundert in der kaiserlich-habsburgischen, der französischen und der spanischen Armee getragen; 1815 führt sie die britische Armee ein. Heute ist sie noch Teil der Paradeuniform einiger Garderegimenter, unter anderen im Vereinigten Königreich, in Kanada, Dänemark und Italien, in den Niederlanden und in Belgien. (Abb. 135)
Syn.: Bärenfellmütze, Busby, Colback, Husarenmütze, Kalpak [türkisch kalbuk, jüngere Form kalpak = hohe Kopfbedeckung], Kolpak

●●● **Indiomütze***

●●● **Inkamütze***

●●● **Jakobinermütze** (OB Mütze)
Die Jakobinermütze ist eine kegelförmige Mütze mit umgelegter Spitze. Diese fällt meist nach vorn.

Die rote Jakobinermütze wird 1789 von den französischen Revolutionären, speziell den Jakobinern, getragen und gilt als Symbol der Freiheit. (Abb. 136)
Syn.: Bonnet à la Carmagnole [französisch, zusammengesetzt aus le bonnet = Haube und der Carmagnole, einem französischen Revolutionslied], Phrygische Mütze [benannt nach den antiken Phrygern]

Zwischen dem Allen hindurch erscholl die Marseiller Hymne. [...] In ähnlicher Arglosigkeit fabrizirten Modehändlerinnen bonnets à la carmagnole und ehrbare Frauen sezten sie unschuldig am Tauftage ihrer Erstgebornen auf.

Caroline de la Motte Fouqué: Geschichte der Moden 1785–1829. [...] Berlin 1988, S. 29

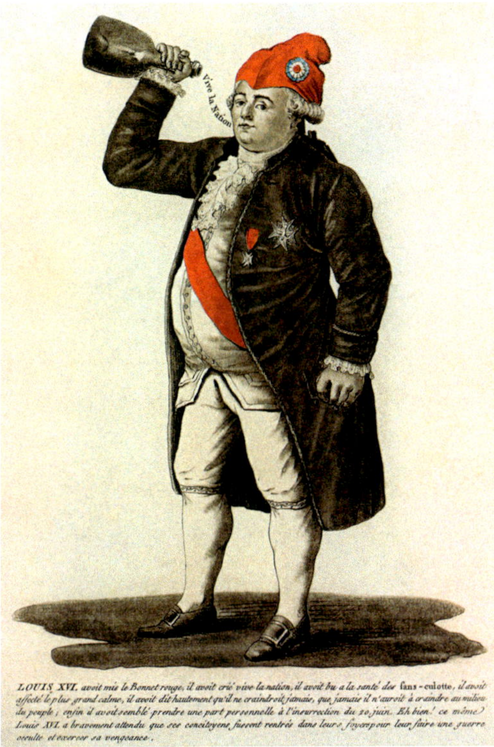

Abb. 136: Karikatur von König Ludwig XVI. mit Jakobinermütze, 1792

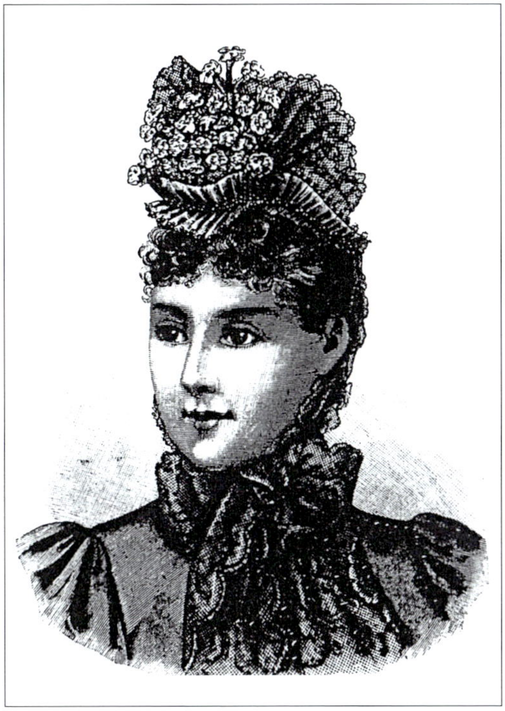

Abb. 137: Kapotthut, 1894

●●● **Kapotthut** (OB Mütze)
Der Kapotthut ist eine kleine, oben auf dem Kopf sitzende Mütze. Oft ist er über ein Gestell geputzt und mit Kinnbändern versehen. (Abb. 137)
Syn.: Capote (Mütze), Kapotte

●●● **Kochmütze** (OB Mütze)
Die Kochmütze besteht aus einem umlaufenden Steg unterschiedlicher Höhe und einem gebauschten oder zylinderförmigen Oberteil.
Syn.: Ballon (Kochmütze), Kochhut, Toque (Kochmütze) [französisch für Kochmütze]

●●● **Kurhut***

●●● **Matrosenmütze** (OB Mütze)
Die Matrosenmütze ist eine flache runde Kopfbedeckung mit einem dunklen Mützenband, dessen Enden, die bei der Marine schwalbenschwanzförmig gearbeitet sind, am Hinterkopf herabhängen. Auf dem Mützenband steht meist der Name des Schiffes. (Abb. 138)
Syn.: Bändermütze, Bandmütze, Bordmütze

●●● **Mitra** (OB Mütze)
Die Mitra [griechisch, lateinisch mitra = Binde] ist eine Mütze, die zwei aufragende, oben dreiecksförmig gestaltete Schilde über der Stirn und am Hinterkopf aufweist. Auf der Rückseite sind zwei herabfallende Bänder angebracht.

Die Mitra wird von Papst, Kardinälen, Bischöfen und Äbten getragen. (Abb. 139)
Syn.: Bischofskrone, Bischofsmütze

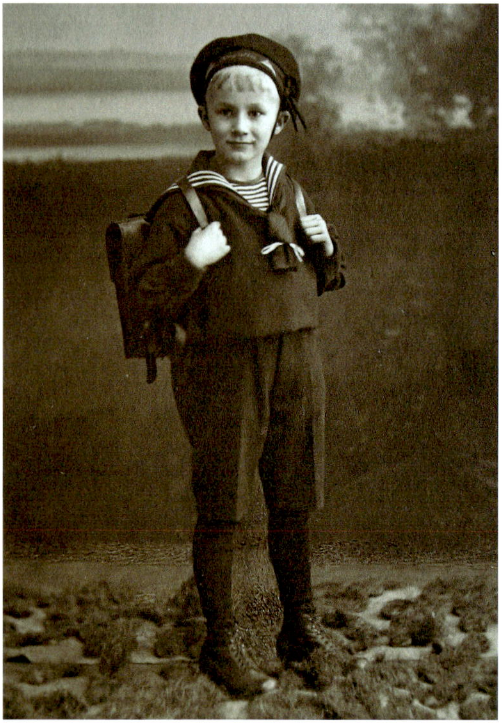

Abb. 138: *Kind mit Matrosenmütze, 1923*

Abb. 139: *Bischof mit Mitra, Fulda, 2007*

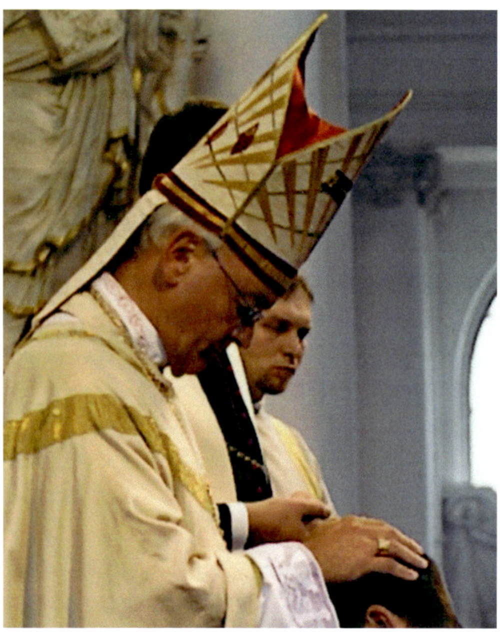

●●● **Norwegermütze***

●●● **Panzerfahrerhaube** (OB Mütze)
Die Panzerfahrerhaube ist eine Mütze mit Kinnriemen, Ohrenschützern und den Kopf vor Stößen schützenden Wülsten.

Sie kann Sprechfunkvorrichtungen enthalten. (Abb. 140)
Syn.: Panzerfahrerhelm, Panzerfahrermütze

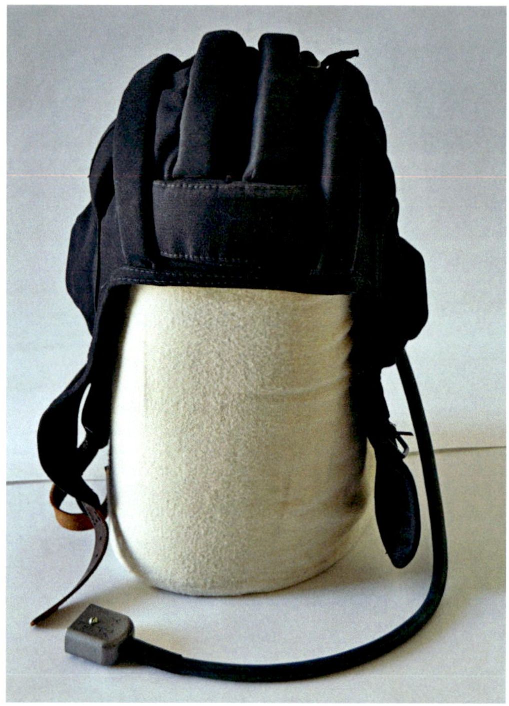

Abb. 140: Panzerfahrerhaube, Sowjetunion, um 1974

●●● **Parademütze** (OB Mütze)
Die Parademütze ist eine hoch aufragende Mütze, die auf der Vorderseite mit einem durchbrochenen oder durchgehenden Metallschild, das oben spitz zuläuft, versehen ist.

Getragen wird sie in verschiedenen Armeen hauptsächlich im 18. Jahrhundert, in Garderegimentern auch bis ins frühe 20. Jahrhundert. Heute findet die Parademütze Verwendung in Rollenspielen, in denen die »Langen Kerls« des preußi-

schen Soldatenkönigs Friedrich Wilhelm I. (1688–1740) dargestellt werden.
Syn.: Füsiliermütze, Grenadiermütze

●●● **Pelzmütze***

●●● **Pillbox** (OB Mütze)
Die Pillbox ist eine runde oder ovale dosenförmige Kopfbedeckung. Ihr Durchmesser ist größer als ihre Höhe.

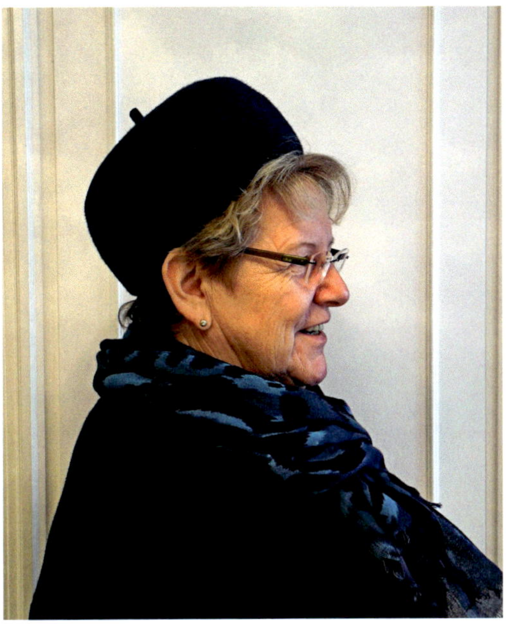

Abb. 141: Anprobe einer Pillbox im Hutgeschäft Schmedes – Elegante Hutmoden, Münster, 2013

Abb. 142: Tönnchen

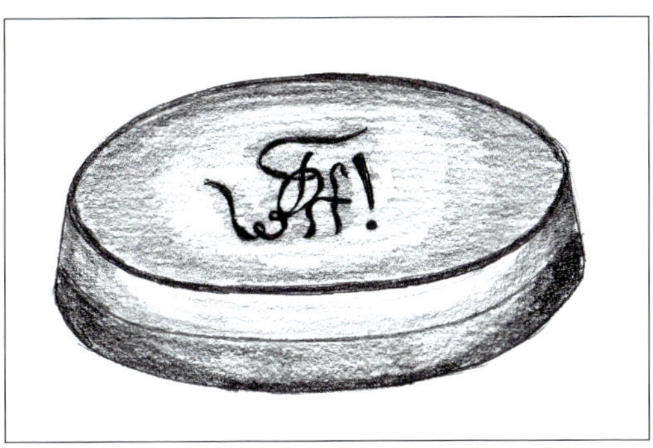

Eine bekannte Trägerin der Pillbox ist Jacqueline Kennedy (1929–1994), Gattin des 35. Präsidenten der USA. (Abb. 141)
Syn.: Boykappe (Pillbox), Pagenkäppi (Pillbox), Pillbox Hat, Pillboxhut

●●●● **Tönnchen** (OB Pillbox)
Beim Tönnchen handelt es sich um eine kleine, kreisförmige, flache Kopfbedeckung ohne Schirm, die vorzugsweise am Hinterkopf getragen wird.

Ist es Teil der Studentenkleidung, kennzeichnet seine Farbe den Träger als Mitglied einer bestimmten Studentenverbindung. Vereinzelt gibt es Tönnchen mit Pelzbesatz. Es kann auch mit umfangreichen Metallstickereien versehen sein. (Abb. 142)
Syn.: Boykappe (Tönnchen), Cerevis, Liftboykäppi, Pagenkäppi (Tönnchen), Prunktönnchen, Zerevis

●●● **Pudelmütze** (OB Mütze)
Die Pudelmütze ist eine gewirkte Mütze mit Bommel, die entweder direkt oder mit einer Schnur an der Mütze angebracht ist. (Abb. 143)

Abb. 143: Frau mit Pudelmütze, Münster, 2013

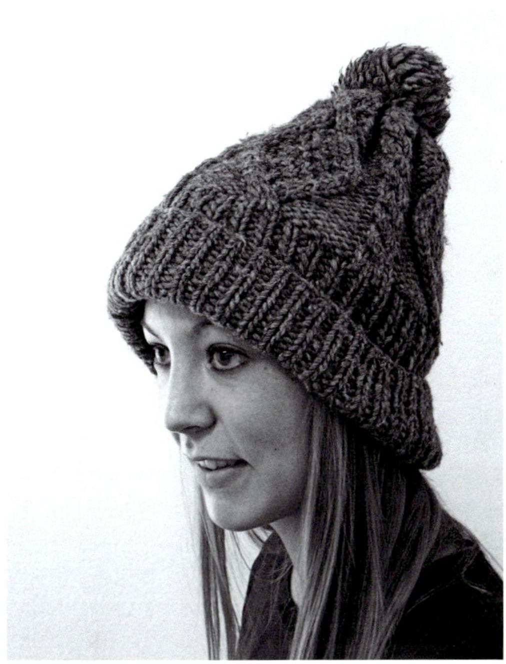

Syn.: Bommelmütze, Lappenmütze, Plümmelmütze, Pudel

●●● Radkappe (OB Mütze)
Die Radkappe ist Bestandteil der Wolfsburger Tracht. Sie ist rund, hat eine flach gehaltene Wölbung, auf der mittig die Buchstabenkombination VW angebracht ist. Die Radkappe ist zumeist silbern glänzend.
Syn.: Käferkappe

●●● Schachthut (OB Mütze)
Der Schachthut ist eine zylinderförmige oder schwach konische schild- und krempenlose Kopfbedeckung der Bergleute.

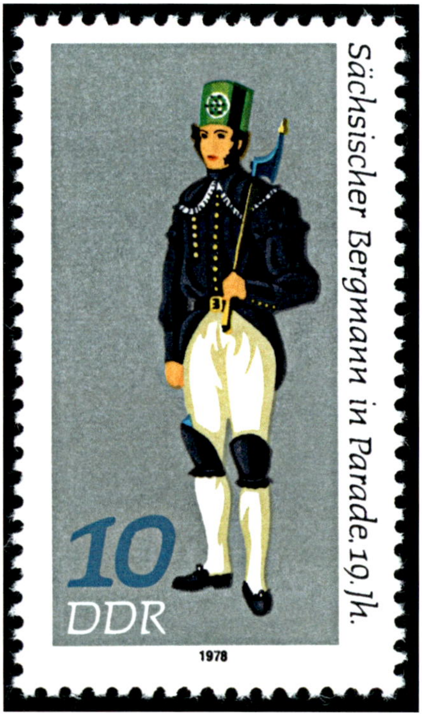

Abb. 144: Sächsischer Bergmann mit Schachthut, Briefmarke der DDR, Erstausgabe 1978

Ursprünglich dient er dem Schutz vor herabfallenden Steinen; heute ist er – meist mit Kokarde und Federbusch versehen – repräsentativer Bestandteil des Bergmannhabits. (Abb. 144)

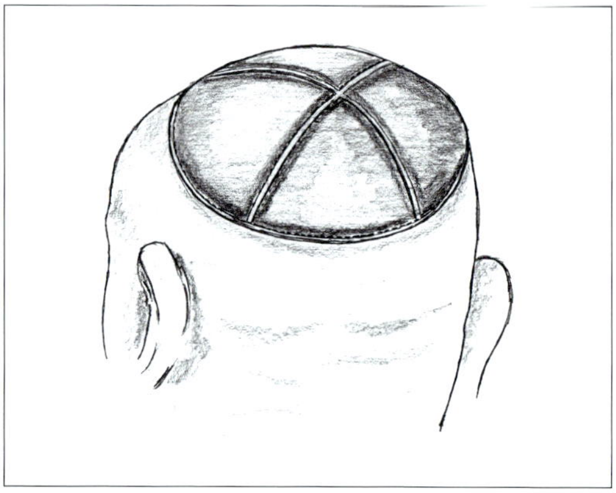

Abb. 145: Scheitelkäppchen

●●● Scheitelkäppchen (OB Mütze)
Das Scheitelkäppchen ist eine eng am Kopf anliegende, auf dem Hinterkopf sitzende knappe Mütze.

Es kann unter anderen Kopfbedeckungen getragen werden. (Abb. 145, 146)
Syn.: Calotte, Gebetskäppchen, Hauskäppchen, Jarmulke, Kalotte, Kippa, Pileolus, Pileus (Scheitelkäppchen), Plattmütze, Scheitelkappe, Soli Deo, Souvenirkäppchen, Subbirettum, Tonsurkäppchen, Zucchetto

Abb. 146: Scheitelkäppchen, hier Souvenirkäppchen, Salzburg, Anfang 1950er Jahre

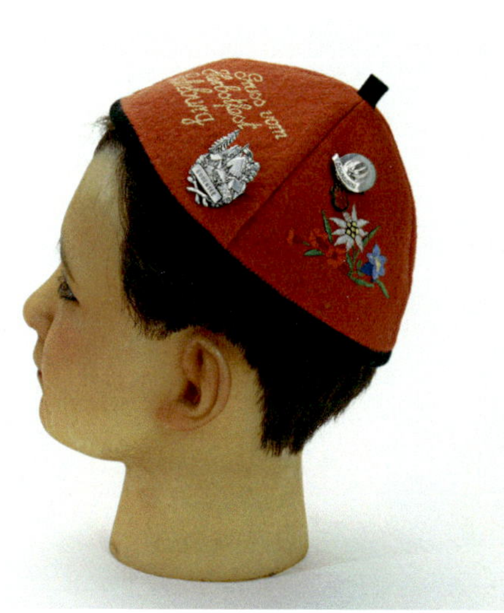

[...] eine runde, an den Schläfen fest anliegende Filzkappe[...], der Hälfte eines Eies ähnlich, die die Römer bei der Mahlzeit, bei Schauspielen, an Festen u. Freudentagen trugen, u. Sklaven, wenn sie verkauft wurden (zum Zeichen, daß der Verkäufer für sie keine Gewähr leistete) od. wenn sie die Freiheit erhielten (als Zeichen der Freiheit)

Aus dem Artikel »pileus«. In: Karl Ernst Georges, Ausführliches lateinisch-deutsches Handwörterbuch. Aus den Quellen zusammengetragen und mit besonderer Bezugnahme auf Synonymik und Antiquitäten unter Berücksichtigung der besten Hilfsmittel ausgearbeitet. 8. Aufl., Bd. 2. Neudruck der Ausgabe Hannover 1918, Darmstadt 1998, Sp. 1707

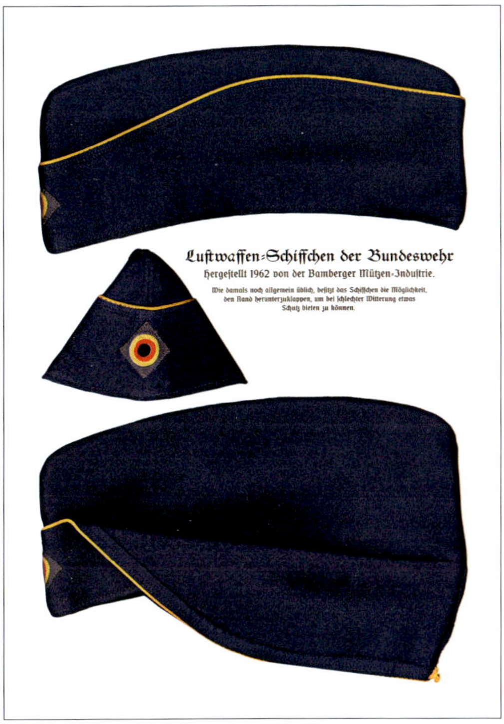

Abb. 147: Schiffchen (Mütze) der deutschen Luftwaffe, 1962

●●● **Schiffchen (Mütze)** (OB Mütze)
Das Schiffchen ist eine längliche, symmetrisch geschnittene Mütze, deren Form einem Schiffsrumpf ähnelt. (Abb. 147)
Syn.: Narrenkappe (Mütze)

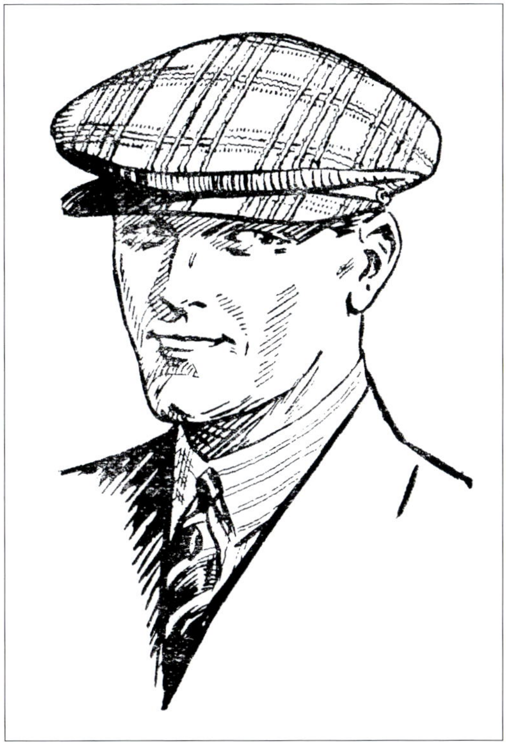

Abb. 148: Schirmmütze, Schottland, 1937

●●● **Schirmmütze** (OB Mütze)
Die Schirmmütze besitzt einen Schild. Ihr Kopfteil kann pludrig oder eng geschnitten sein. (Abb. 148)
Syn.: Kaschett (Mütze), Kasket (Mütze), Schildermütze, Schildkappe, Schildmütze, Schirmkappe

●●●● **Ballonmütze** (OB Schirmmütze)
Die Ballonmütze ist eine Schirmmütze mit stark gebauschtem ballonförmigem Kopfteil. (Abb. 149)
Syn.: Ballonkappe

●●●● **Baseballkappe** (OB Schirmmütze)
Die Baseballkappe ist eine kalottenförmige Schirmmütze ohne Steg. Ein Teil der Kalotte kann aus Netz gearbeitet sein. Zuweilen ist die Kappe mit Ohrenklappen und/oder Nackenschutz versehen; sie kann zudem eine verstellbare Halterung haben.

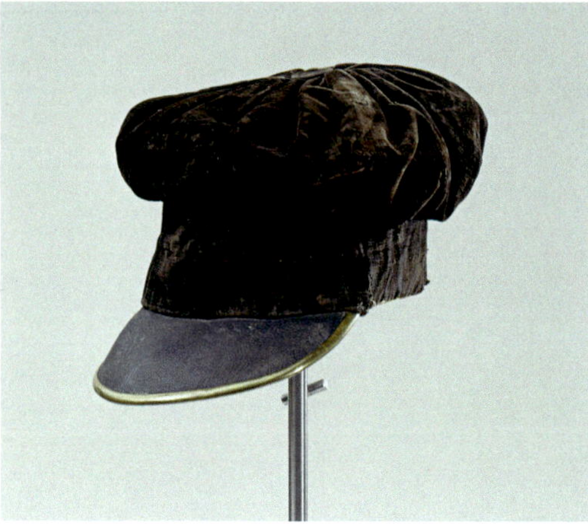

Abb. 149: Ballonmütze, um 1840

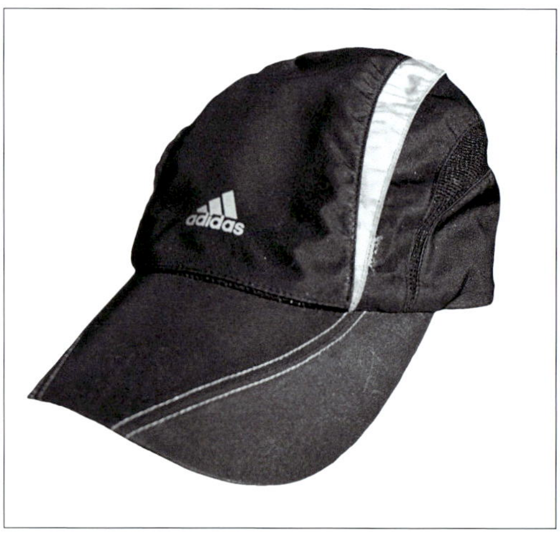

Abb. 150: Baseballkappe

Aus Modegründen wird der Schild seit den 1990er Jahren auch um 90 Grad gedreht oder im Nacken getragen. (Abb. 150)
Syn.: Baseball Cap, Basecap, Basketballcap, Footballcap

Die mit'm Kappi san dappi, die mit'm Huat san guad.

Altbayerisches Sprichwort

●●●● **Biedermeiermütze***

●●●● **Prinz-Heinrich-Mütze** (OB Schirmmütze)

Die Prinz-Heinrich-Mütze ist eine Schirmmütze mit hohem besticktem Steg, der mit einer Mützenkordel versehen ist. Der steife Mützendeckel reicht nur unwesentlich über den Steg hinaus.

Die Prinz-Heinrich-Mütze wurde den Kapitäns- und Lotsenmützen nachempfunden. Sie ist nach Prinz Heinrich von Preußen (1862–1929), Bruder Kaiser Wilhelms II. und Großadmiral der Kaiserlichen Marine, benannt. (Abb. 151)
Syn.: Prinz-Heinrich-Kappe

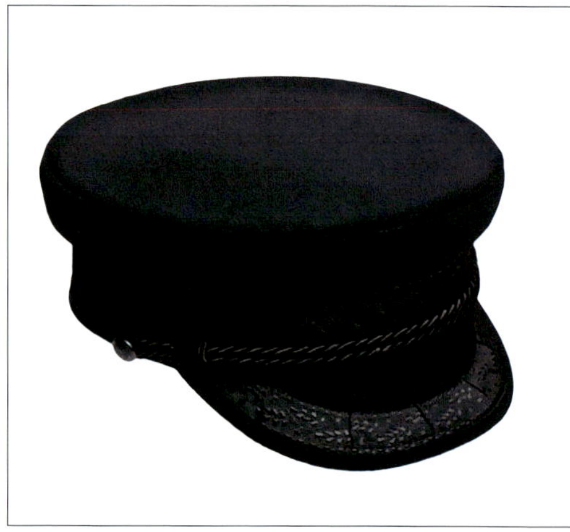

Abb. 151: Prinz-Heinrich-Mütze, 2012

●●●● **Schiebermütze** (OB Schirmmütze)
Bei der Schiebermütze ist der nach vorn abfallende Deckel bis an den vorderen Schirmrand vorgezogen und dort fixiert. (Abb. 152)
Syn.: Batschkapp, Flatcap, Luckimütze, Schieber (Mütze), Schieberdeckel, Schiebermolle, Schlägermütze, Speckdeckel

●●●● **Schiffermütze** (OB Schirmmütze)
Die Schiffermütze ist eine niedrige Schirmmütze mit Zierkordel oder Sturmriemen vorn am Steg. (Abb. 153)
Syn.: Elbsegler, Fleetenkieker, Helgoländer, Lotsenmütze

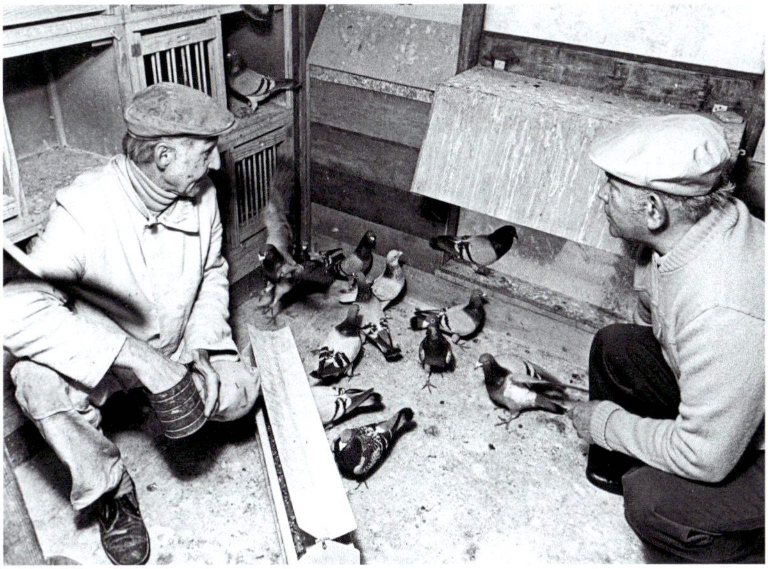

Abb. 152: Taubenzüchter mit Schiebermützen, Herne, 1979

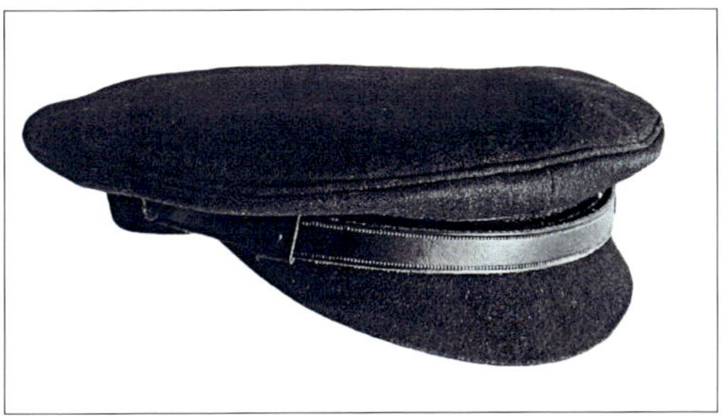

Abb. 153: Schiffermütze

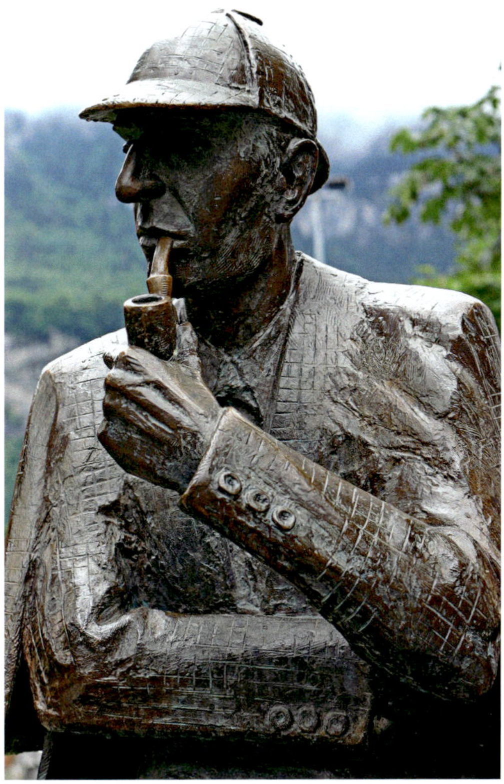

Abb. 154: Sherlock-Holmes-Denkmal in Meiringen, 2007

●●●● Sherlock-Holmes-Mütze

(OB Schirmmütze)

Die Sherlock-Holmes-Mütze ist eine Schirmmütze mit Stirn- und Nackenschirm. Zumeist hat sie Ohrenklappen, die hochgeklappt und über dem Kopfteil zusammengebunden werden können.

Bekannt wird die Sherlock-Holmes-Mütze durch zahlreiche Verfilmungen der Abenteuer des Detektivs Sherlock Holmes und seines Assistenten Doktor Watson aus der Feder des englischen Arztes und Schriftstellers Arthur Conan Doyle (1859–1930). Erwähnt wird das »ear-flapped travelling-cap«, das zu Sherlock-Holmes' Markenzeichen wird, allerdings nur in der Geschichte

»Silver Blaze« aus dem Jahr 1892: Darin trägt er es während einer Zugfahrt von London über Exeter ins Dartmoor. (Abb. 154)
Syn.: Deerstalker [englisch deer = Hirsch und to stalk = pirschen], Deerstalker-Hut, Deerstalker-Mütze

●●●● **Studentenmütze** (OB Schirmmütze)
Die Studentenmütze ist eine zumeist mehrfarbige flache Mütze mit Steg und schwarzem Schirm. Die Kombination der Farben zeigt die Zugehörigkeit zu einer bestimmten Studentenverbindung an. Formtypologisch gleich ist die Schülermütze, deren Farben die Zugehörigkeit zu einer bestimmten Schule, Schülerverbindung oder Jahrgangsstufe anzeigen. (Abb. 155)
Syn.: Burschenmütze, Burschenschaftsmütze, Corpsmütze, Schülermütze, Verbindungsmütze

Abb. 155: Mann mit Studentenmütze, Hagen, 1926

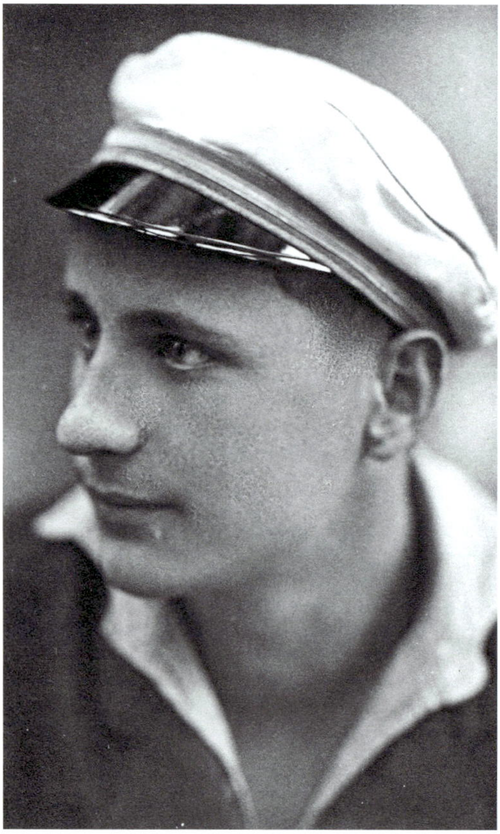

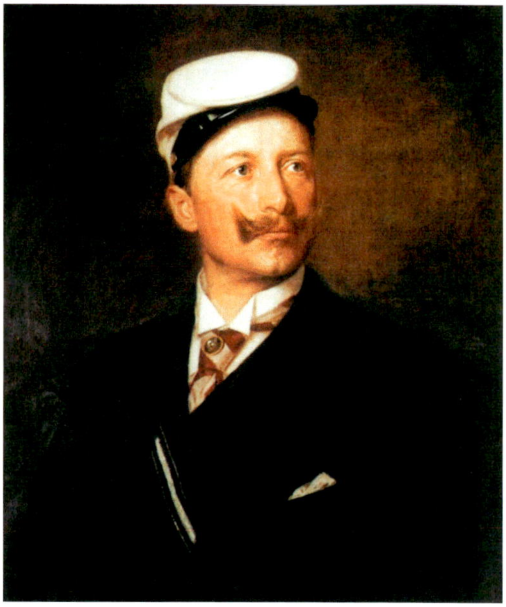

Abb. 156: Kaiser Wilhelm II. als Alter Herr des Corps Borussia Bonn mit Stürmer, Ölgemälde von Ludwig Noster, 1897

●●●● **Stürmer** (OB Schirmmütze)
Der Stürmer ist eine studentische Schirmmütze mit einem zylinderartigen Deckel, der nach vorn umgeklappt ist.

Ähnlichkeit besteht mit den Uniformmützen der Mannschaften und Unteroffiziere im amerikanischen Sezessionskrieg (1861–1865) und mit dem französischen Képi. (Abb. 156)

●●●● **Uniformmütze** (OB Schirmmütze)
Die Uniformmütze ist eine Schirmmütze mit Hoheits-, Funktions- oder Rangabzeichen. (Abb. 157)
Syn.: Dienstmütze, Feldmütze, Kapitänsmütze, Pilotenmütze, Uniformschildmütze

●●● **Schleifenhaube** (OB Mütze)
Die Schleifenhaube ist eine Mütze, die entweder wie eine Schleife aussieht oder an der eine Vielzahl von Zierschleifen angebracht ist. (Abb. 158)
Syn.: Buschekapp, Büschelmütze, Flittighaube, Flottenkappe, Maschenmütze, Rollenhaube, Schlaufenmütze, Schlaufkappe, Schlupfkappe

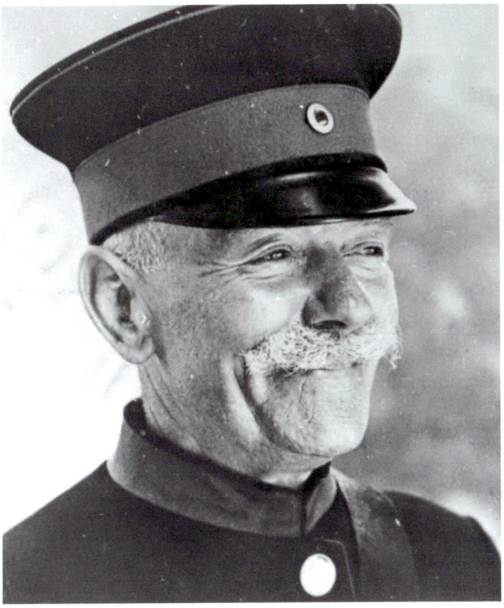

Abb. 157: *Schlosswärter mit Uniformmütze, Bad Berleburg, um 1910*

Abb. 158: *Auguste Caroline Sophie Herzogin zu Sachsen-Coburg-Saalfeld (1757–1831) mit Schleifenhaube, Schloss Ketschendorf, 1. Drittel 19. Jhd.*

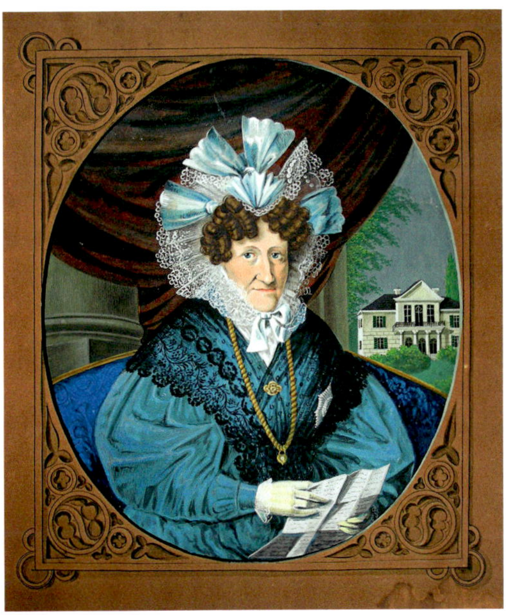

Eine Amme nährte das Kind, das heißt, wir beuteten die Armut, die Not und die Unwissenheit dieser Frau aus, lockten sie von ihrem eigenen Kinde fort zu dem unseren und setzten ihr dafür einen besonderen Kopfputz mit schönen Schleifen auf. [1889]

Leo N. Tolstoi: Die Kreutzersonate. Klagenfurt o. J., S. 94

●●● **Schtreimel** (OB Mütze)

Der Schtreimel besteht aus einer Samtkappe, die mit einem breiten Pelzrand, zumeist Zobel, Marder oder Graufuchs, umgeben ist.

Er wird hauptsächlich von verheirateten chassidischen Juden anlässlich religiöser Feste getragen. (Abb. 159)

Syn.: Streimel

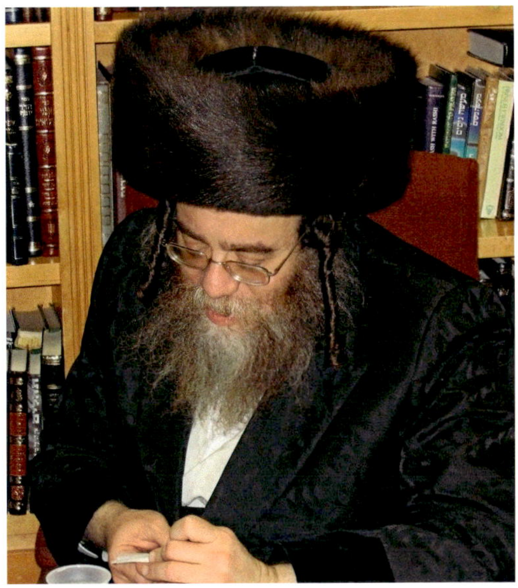

Abb. 159: *Rabbiner Wolf Kornreich mit Schtreimel, 2005*

●●● **Soldatenmütze***

●●● **Sportmütze***

●●● **Stuarthaube** (OB Mütze)

Die Stuarthaube hat eine Stirnschneppe und steht an beiden Seiten bogig ab, wodurch die Haare sichtbar sind. Die Stuarthaube ist meist über einen Rahmen geformt.

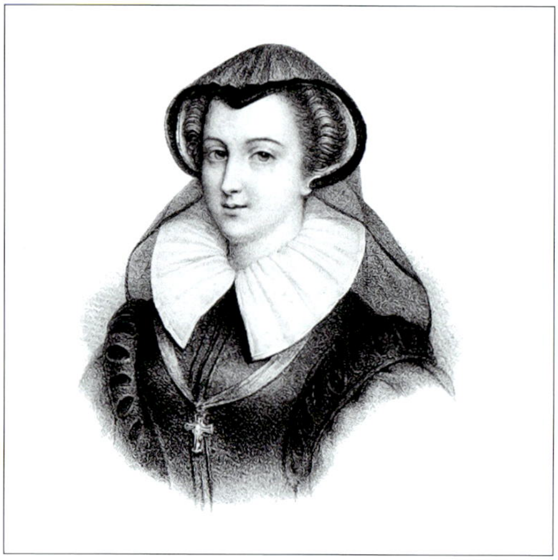

Abb. 160: Maria Stuart mit der nach ihr benannten Haube

Ihren Namen erhielt sie nach der schottischen Königin Maria Stuart (1542–1587). (Abb. 160)
Syn.: Attifet [französisch attifer = herausputzen], Attiffet

Abb. 161: Teufelsmütze, München, 1930er Jahre

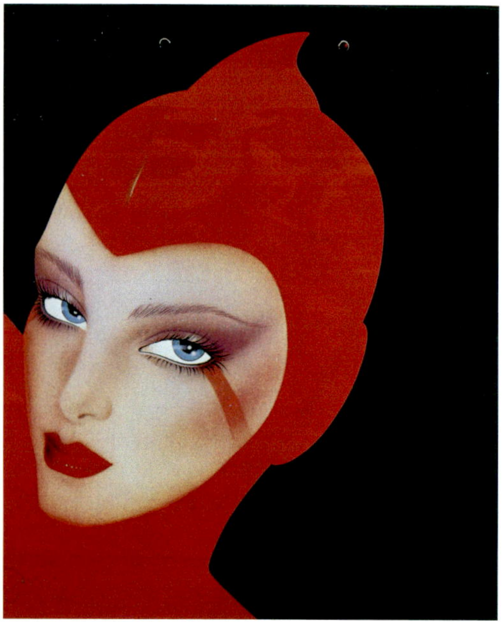

●●● **Tellermütze***

●●● **Teufelsmütze** (OB Mütze)
Die Teufelsmütze ist eine eng anliegende Mütze mit ausgeprägter Stirnschneppe. In der Regel ist sie gewirkt. (Abb. 161)

●●● **Tirolerhut** (OB Mütze)
Der Tirolerhut besteht aus einem kegelförmigen Stumpen aus Filz, auf den eine Hutschnur aufgenäht ist. Die Hutschnur markiert die nicht ausgeführte Krempe. (Abb. 162)
Syn.: Seppelhut, Sepplhut

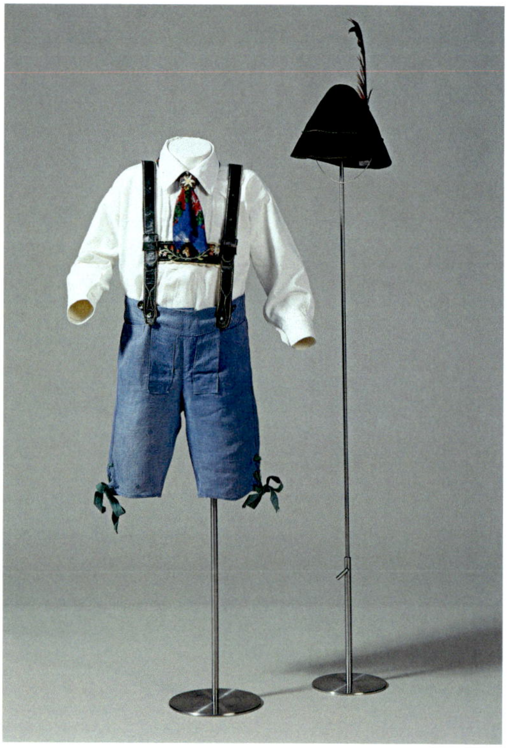

Abb. 162: Karnevalskostüm mit Tiroler Hut, Köln, um 1912

●●● **Trappermütze** (OB Mütze)
Die Trappermütze besteht aus einem zylindrischen Körper, an dem ein Schweif angebracht ist. Sie ist aus natürlichem oder Webpelz hergestellt. (Abb. 163)
Syn.: Otterfellmütze, Waschbärmütze

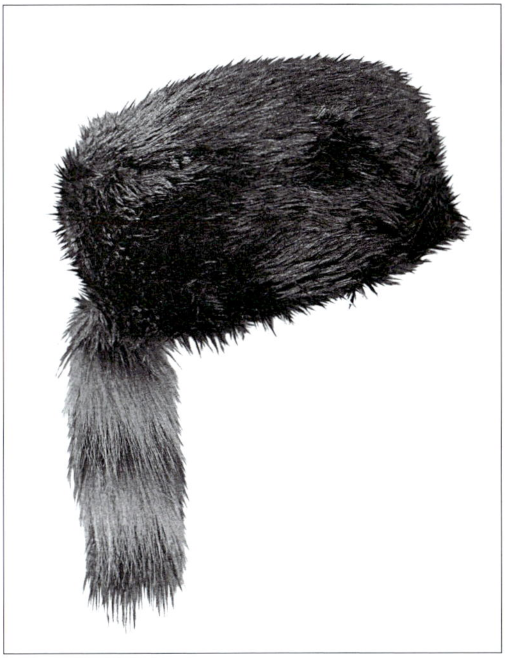

Abb. 163: Trappermütze, 2010

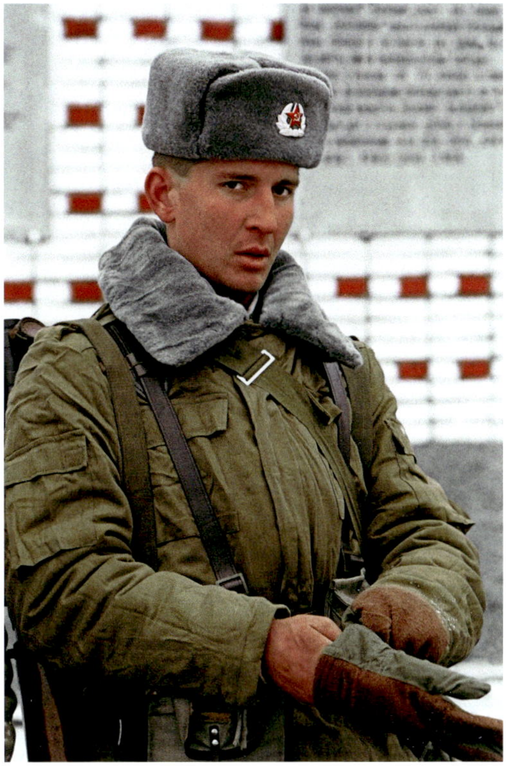

Abb. 164: Russischer Soldat mit Uschanka, 1992

●●● **Uschanka** (OB Mütze)
Die Uschanka [russisch uschi = Ohren] ist eine aus Russland stammende zylindrische Pelzmütze mit herunterklappbaren Seitenteilen (Ohrenklappen). Das Vorderteil hat das Aussehen eines hochgeklappten Schildes. (Abb. 164)
Syn.: Schapka

●●● **Wollmütze***

●●● **Zipfelmütze** (OB Mütze)
Die Zipfelmütze ist trichter- oder sackförmig; der nicht vom Kopf ausgefüllte Teil hängt nach hinten oder zur Seite herunter. Die Spitze(n) ist (sind) oft quasten- oder bommelbesetzt. Die Zipfelmütze kann Ohrenklappen und Kinnbänder haben. Zumeist ist sie gewirkt.

Die Zipfelmütze ist das zentrale Attribut des Deutschen Michel in der bildlichen Darstellung dieser nationalen Personifikation des Deutschen in der ersten Hälfte des 19. Jahrhunderts. So zeigt die in Stuttgart erscheinende satirische Wochenzeitung Eulenspiegel die Wandlung des Deutschen im Revolutionsjahr 1848 anhand seiner Kopfbedeckung: von der Mütze mit revolutionärer Kokarde im Frühjahr hin zur Schlafmütze im Spätjahr. (Abb. 165)
Syn.: Kaspermütze, Klingelmütze, Michelmütze, Quasterkapp, Schlafmütze, Troddelmütze, Zipfelhaube, Zipfelkappe

Einen vorzüglichen Handelsartikel machen die von den Strumpfwirkern verfertigten baumwollenen, wollenen od. seidenen, gewebten od. gestrickten Zipfelmützen aus.

Pierer's Universal-Lexikon der Vergangenheit und Gegenwart oder neuestes encyclopädisches Wörterbuch der Wissenschaften, Künste und Gewerbe, neu bearbeitet von Gelehrten und Fachmännern. Band 11, 4. Aufl., Altenburg 1857, S. 600

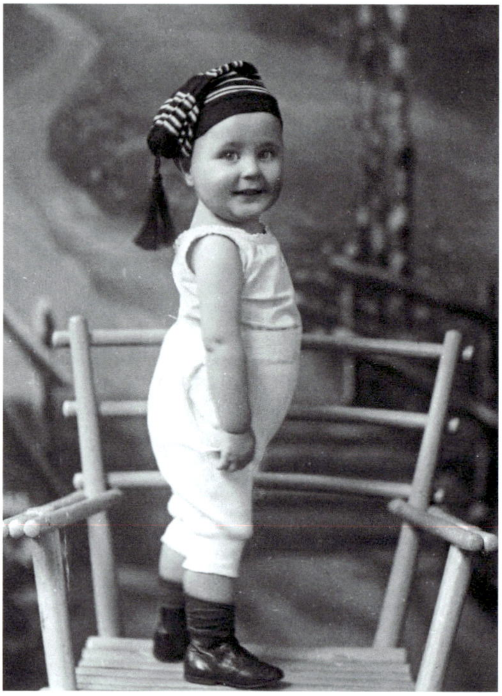

Abb. 165: *Kind mit Zipfelmütze, Hagen, 1909*

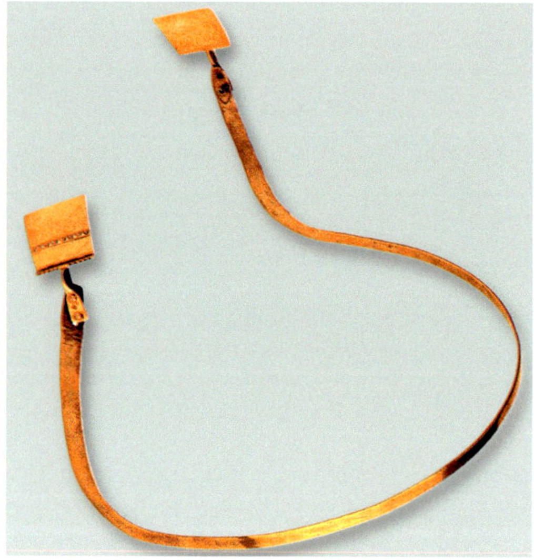

Abb. 166: *Ohreisen, Typ Aurich, 1750–1850*

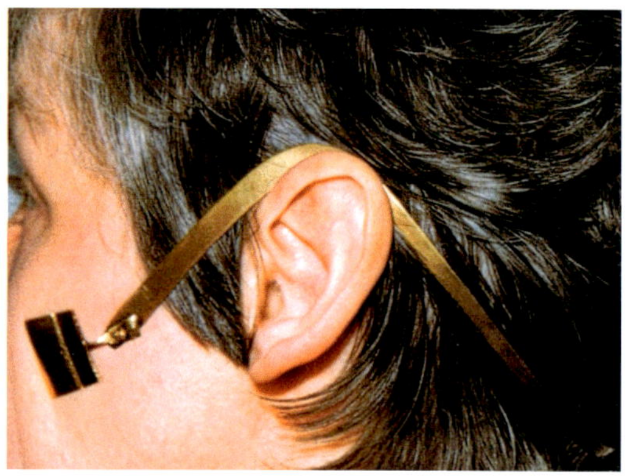

Abb. 167: *Als Schmuckreif getragenes Ohreisen*

●● **Ohreisen** (OB Kopfbedeckung)
Das Ohreisen ist ein von Ohr zu Ohr geführter Metallbügel, mit dem ursprünglich eine Kopfbedeckung festgehalten wird. An den Bügelenden sind in der Regel mit kleinteiligen Schmuckelementen wie Perlen, Goldkügelchen u.a. besetzte Endstücke angebracht.

Über dem Ohreisen wird meist eine weitere Kopfbedeckung getragen; die Endstücke des Ohreisens bleiben im Wangenbereich sichtbar.

Das Ohreisen entsteht im 16. Jahrhundert, ist im 17. Jahrhundert in Nordeuropa verbreitet und wird danach hauptsächlich in den Niederlanden sowie in Nordwestdeutschland und in der Region Nassau-Lahn getragen. In Friesland entwickelt sich das Ohreisen zu einer breitflächigen, den Oberkopf bedeckenden Platte, bestehend aus Gold oder Silber.

Ohne weitere Kopfbedeckung getragen, fungiert das Ohreisen auch als Kopf-Schmuckreif. (Abb. 166, 167)

●● **Ohrenschützer** (OB Kopfbedeckung)
Ohrenschützer sind Bedeckungen für die Ohrmuscheln. Je nach Ausführung schützen sie die Ohren vor Kälte oder Lärm.

In der Regel handelt es sich um zwei an einem Bügel befestigte Ohrbedeckungen.

Eine weitere Variante, das Earbag, ist eine fest sitzende Ohrenschale, die auf das Außenohr gesteckt wird. (Abb. 168)
Syn.: Earbag, Mickey Mäuse, Mickey Mouse (Kopfbedeckung), Ohrenklappen, Ohrschützer, Ohrwärmer

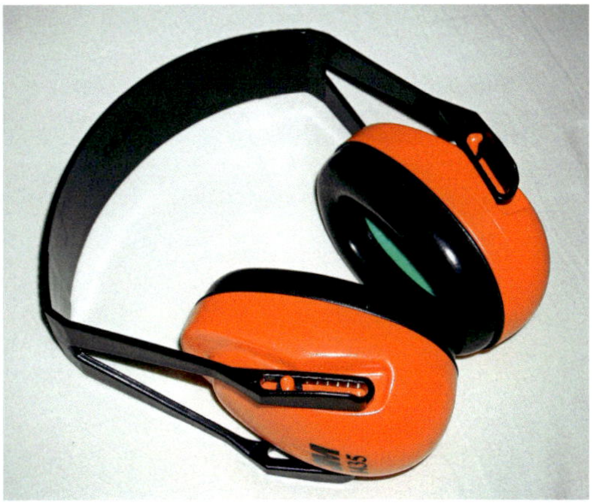

Abb. 168: Ohrenschützer, 2010

●● **Perücke** (OB Kopfbedeckung)
Die Perücke besteht in der Regel aus Echt- oder Kunsthaar, aber auch aus Wolle, Pflanzenfasern, Seide oder Gräsern, die auf eine textile Unterlage, die Montur, geknüpft oder genäht sind.

Abb. 169: Johann Sebastian Bach mit Perücke, um 1748, Gemälde von Elias Gottlob Haußmann

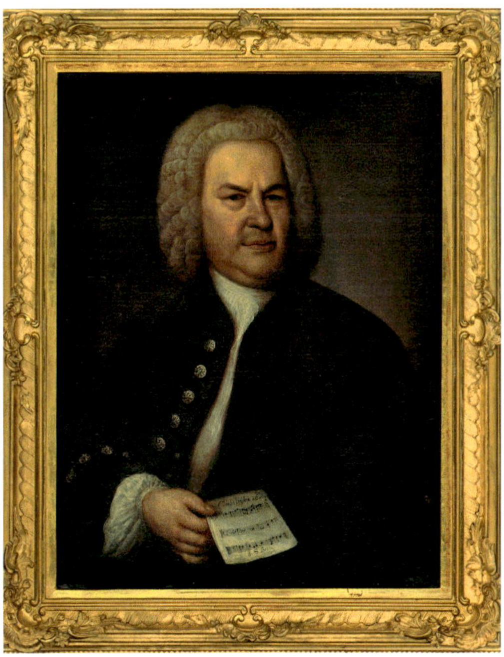

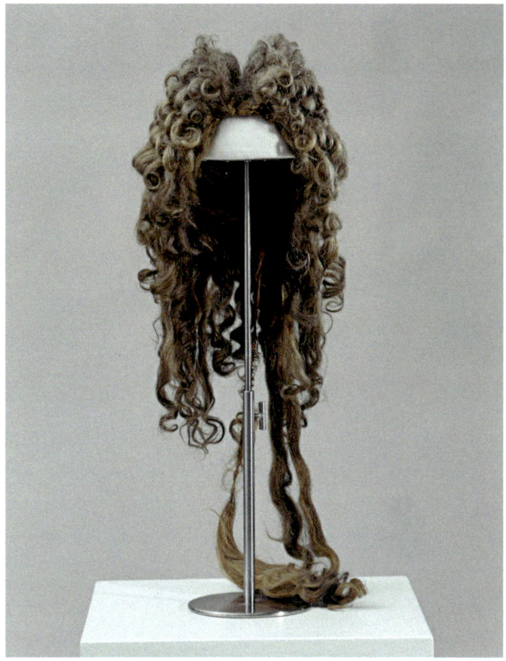

Abb. 170: Perücke für Männer, um 1695

Es gibt sie in unterschiedlichen Ausführungen mit eigenen Benennungen, zum Beispiel die Allongeperücke [französisch allonger = verlängern] für die Herrenperücke des späten 17. und des 18. Jahrhunderts, deren lange gedrehte Locken bis auf die Schultern fallen, oder die in Preußen beliebte Zopfperücke, die bis in das späte 18. Jahrhundert getragen wird.

Bis zur Französischen Revolution erfreut sich die Perücke in ganz Europa größter Beliebtheit als Standes- und Repräsentationszeichen; sie ist jedoch der Oberschicht vorbehalten. Seit Beginn des 19. Jahrhunderts wird sie hauptsächlich als Haarersatz getragen, erfährt als modisches Requisit der Damenkleidung kurze Phasen in den 1920er oder den 1960er Jahren. (Abb. 169, 170)
Syn.: Allongeperücke, Beutelperücke, Haartour, Zopfperücke

Wo eine Perücke (Haartour) notwendig geworden, sei sie einfach und dem Alter und Aussehen des Trägers angemessen gehalten. Im übrigen dient das kahlwerdende Haupt dem ehrwürdigen Greise

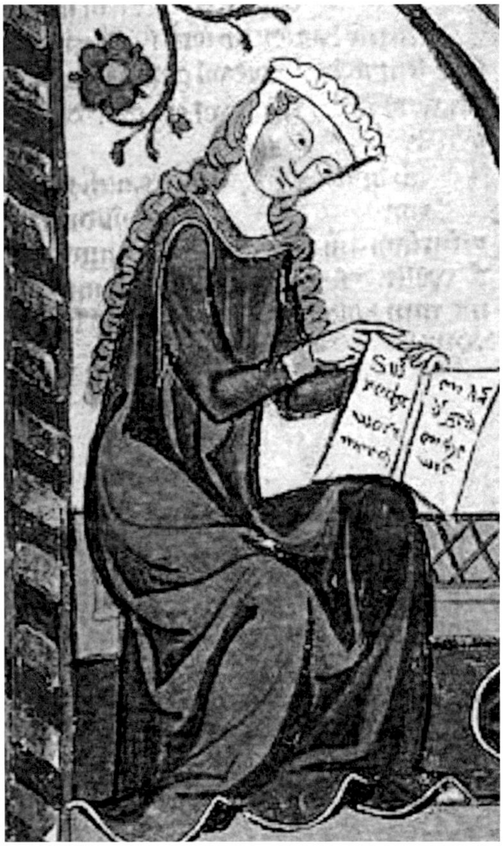

Abb. 171: Frau mit Schappel, Ausschnitt aus Codex Manesse, 1. Hälfte 14. Jhd.

nicht zur Unzier; glücklich freilich derjenige, der auch im Alter sich noch üppigen Haarwuchses erfreut.

Frida von Kronoff: Lebensart. Ein Wegweiser des feinen Taktes für Haus und Welt. Reutlingen o. J. [um 1918], S. 28

●● **Schappel** (OB Kopfbedeckung)

Das Schappel [mittelhochdeutsch schapel > altfranzösisch chapel = französisch le chapeau] ist ein kronenartiger Kopfreifen aus Metall oder Kunstblumen, der das Haar eng am Kopf hält.

Oft wird zum Schappel das Gebende, ein Gebinde aus Stoff, getragen.

Verbreitet ist es vom Ende des 12. bis ins 15. Jahrhundert, wird sowohl von Jünglingen als auch von Jungfrauen getragen und ist als Minnegabe beliebt. Als Hochzeitsschmuck bleibt das Schappel bis ins 16. Jahrhundert in Gebrauch. (Abb. 171)

Syn.: Schäpel, Schapel

●● **Schleier** (OB Kopfbedeckung)

Der Schleier ist ein textiles Gewebe unterschiedlicher Größe, welches mittels verschiedener Vorrichtungen am Kopf oder an Kopfbedeckungen fixiert ist.

Im Unterschied zum Kopftuch wird der Schleier nicht verknotet. (Abb. 172)

Syn.: Huve, Sella (Schleier)

»Soll ich die Modezeitung bringen?«
»Ja, die bringe und bring auch die Lampe.«
Roswitha ging, und Effi, als sie allein war, sagte:
»Womit man sich nicht alles hilft? Eine hübsche Dame mit Muff und eine mit einem Halbschleier,

Abb. 172: Braut mit Schleier, Hagen, 15. Juni 1905

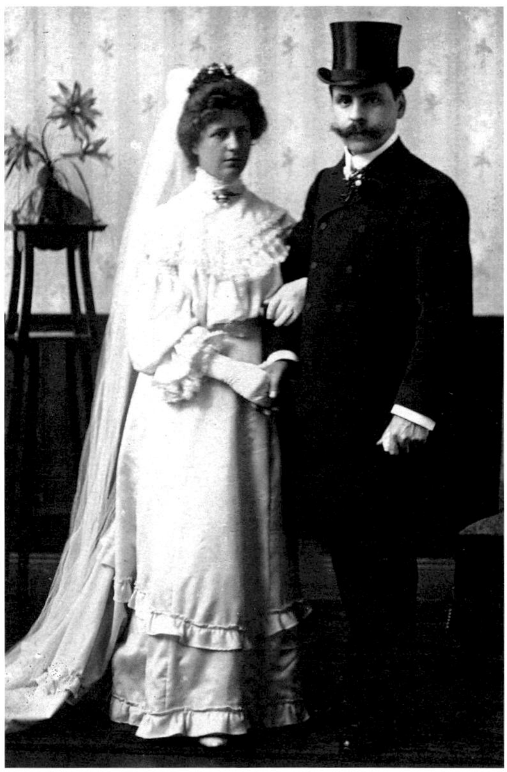

Modepuppen. Aber es ist das Beste, mich auf andere Gedanken zu bringen.«

Theodor Fontane: Effi Briest. Wiesbaden o. J., S. 146

●●● **Autoschleier** (OB Schleier)
Der Autoschleier ist ein Schleier aus Tüll, in dessen unteren Rand feiner Draht eingearbeitet ist.

Um 1900 tragen ihn Frauen während Autofahrten als Schutz vor allem gegen Staub über dem Hut; der Draht verhindert, dass der Schleier im Fahrtwind flattert.

●●● **Gesichtsschleier***

●●● **Hauptschleier***

●●● **Hutschleier** (OB Schleier)
Der Hutschleier ist ein Schleier, der am Hut befestigt wird. In der Regel verhüllt er das Gesicht, er kann aber auch als Nackenschleier vorkommen.
Syn.: Bart (Schleier), Bavolet, Nackenschleier

●●● **Kopfschleier***

●●● **Kruseler** (OB Schleier)
Der Kruseler [mittelhochdeutsch kriuseler; krūs = gelockt, kraus] ist ein Schleier, dessen stark gefältelter Rand das Gesicht umrahmt. Seine Hauptverbreitungszeit ist die zweite Hälfte des 14. und das erste Drittel des 15. Jahrhunderts.
Syn.: Hulle, Krüseler

●●● **Maulschleier***

●●● **Niqab** (OB Schleier)
Der Niqab besteht aus einem langen, schmalen rechteckigen Tuch; an einem der schmalen Enden ist an beiden Seiten je ein etwa 20 cm langes Band oder ein beide Seiten verbindendes Gummiband angenäht.

Der unterhalb der Augen getragene Niqab besteht aus nicht ganz blickdichtem Stoff. Der oberhalb der Augen getragene besteht aus blickdichtem Stoff und hat einen langen Sehschlitz oder zwei schmale Augenschlitze.

●●● **Nonnenschleier***

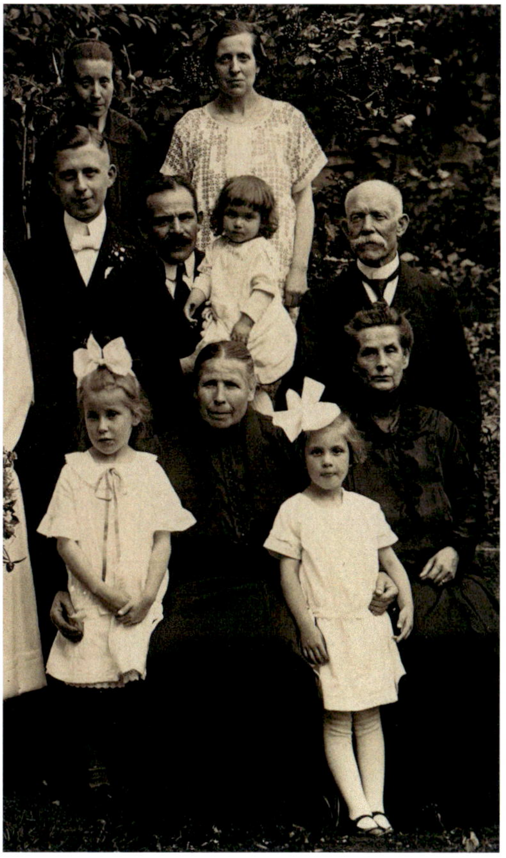

Abb. 173: Mädchen mit Schleifen, Homberg/Efze, 1920er Jahre

●●● **Weihel***

●● **Schleife (Kopfbedeckung)** (OB Kopfbedeckung)
Die Schleife ist eine zumeist aus Stoffband gebundene und dann fest fixierte Kopfbedeckung; sie besitzt eine Vorrichtung, mit der sie im Haar festgesteckt werden kann. (Abb. 173)
Syn.: Haarschleife, Propeller (Schleife), Schluppe

●● **Schute** (OB Kopfbedeckung)
Die Schute hat einen breiten Rand, der so gebogen ist, dass er vorn über die Stirn hinausragt und das Gesicht seitlich einschließt. Die Schute ist formstabil gearbeitet, besteht aus Stroh oder Textil und hat am Hinterkopf eine Ausformung,

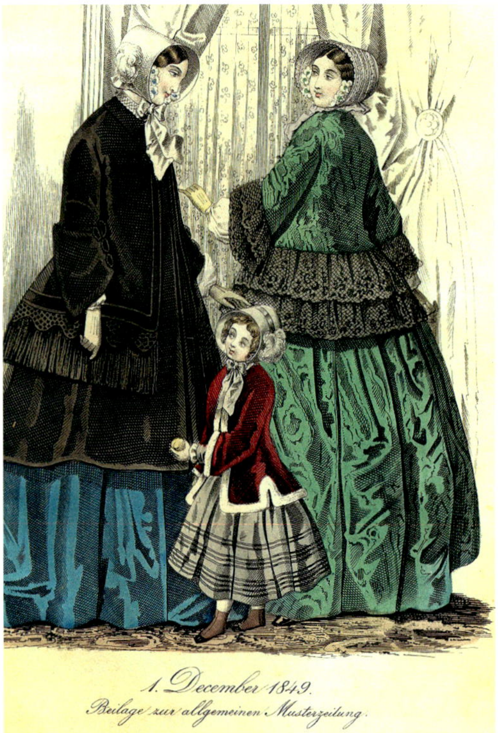

Abb. 174: *Frauen mit Schuten, 1849*

die den Haarknoten aufnehmen kann, oder eine zylinderartig nach oben stehende Ausformung, die sich vom breiten Rand deutlich absetzt. Meist wird die Schute mit Bändern gehalten.

Hochmodern ist sie in der Empire- und der Biedermeierzeit als Teil der Ausgehkleidung. (Abb. 174)
Syn.: Capote (Schute), Kiepe (Schute), Schutenhut

●● Sonnenschild (OB Kopfbedeckung)
Der Sonnenschild ist ein über den Augen platzierter Schirm, der auf unterschiedliche Weise am Kopf fixiert wird. (Abb. 175)
Syn.: Arbeitsschirm, Augenschild, Augenschirm

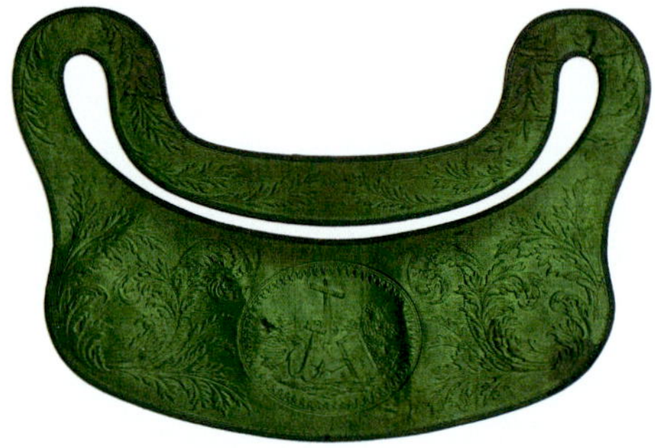

Abb. 175: Sonnenschild, deutsch, 1. Hälfte 19. Jhd.

Da die Finger anfingen blau zu werden, so nahm man ihm den grünen Arbeitsschirm von den Augen und fand, daß sie schon gebrochen waren. Der Athem wurde von Augenblick zu Augenblick schwerer, ohne jedoch zum Röcheln zu werden; der Sterbende drückte sich, ohne das geringste Zeichen des Schmerzes, bequem in die linke Seite des Lehnstuhls, und die Brust, die eine Welt in sich erschuf und trug und hegte, hatte ausgeathmet.

Beschreibung des Sterbens von Johann Wolfgang von Goethe am Vormittag des 22. März 1832; Goethe trug beim Lesen einen grünen Augenschirm, um die Augen vor grellem Licht zu schützen. In: Goethes Gespräche. Herausgegeben von Woldemar Freiherr von Biedermann. Band 8, Leipzig 1890, S. 165

Abb. 176: Frau mit Stimmungshütchen, 2012

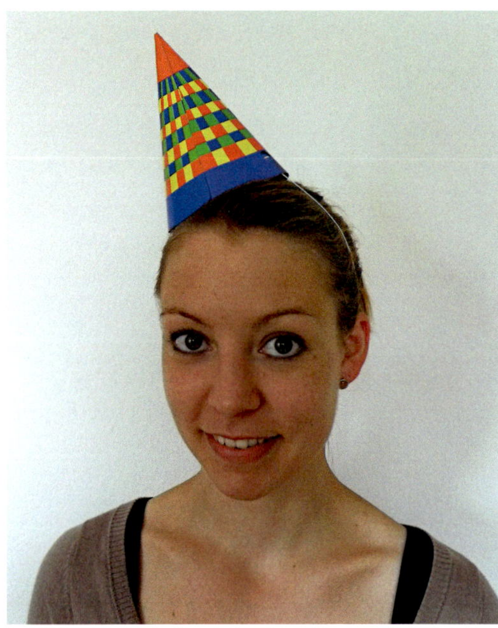

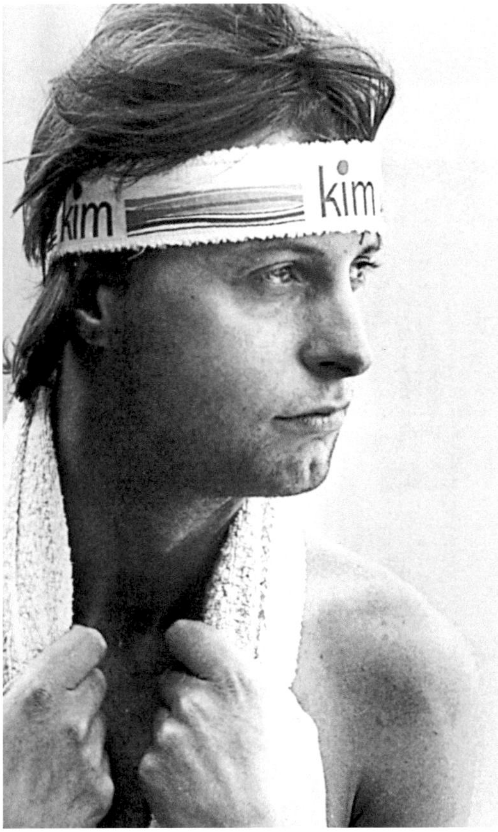

Abb. 177: Mann mit Stirnband, München, 1983

●● **Spitzenhaube***

●● **Stimmungshütchen** (OB Kopfbedeckung)
Stimmungshütchen sind formaltypologisch nicht einzuordnen. Es handelt sich um Ball-, Fan- und Scherzartikel. (Abb. 176)
Syn.: Faschingshut

●● **Stirnband** (OB Kopfbedeckung)
Das Stirnband ist ein Band, welches auf Höhe der Stirn um den Kopf gelegt wird.

Es kommt in verschiedenen Breiten vor, kann mit Schleifen, Pompons oder Schmucksteinen verziert sein. Ist ein Schmuckstück mittig über der Stirn angebracht, wird das Stirnband als Ferronière bezeichnet. (Abb. 177)
Syn.: Ferronière [benannt nach der Mätresse des französischen Königs Franz I. (1494–1547)], Schweißband (Kopfbedeckung), Stirnbinde

●● **Toque** (OB Kopfbedeckung)
Die Toque ist eine krempenlose oder schmalkrempige, kegelstumpf- oder ballonförmige Kopfbedeckung mit steifem gefälteltem Kopfteil.

Nicht gemeint ist hier die aus dem Französischen übernommene Bezeichnung für Kochmütze. (Abb. 178)
Syn.: Spanische Toque, Spanischer Hut, Toquet

●● **Toupet** (OB Kopfbedeckung)
Das Toupet [französisch le toupet = Haarsträhne] ist ein in der Regel maßgefertigtes Haarteil, bei dem Haare auf eine textile Unterlage, die Montur, geknüpft sind.
Syn.: Fiffi, Fifi, Halbperücke, Mottenfiffi

Abb. 178: Toque. Aus dem Illustrierten Hauptkatalog, Kaufhaus des Westens Berlin, 1913

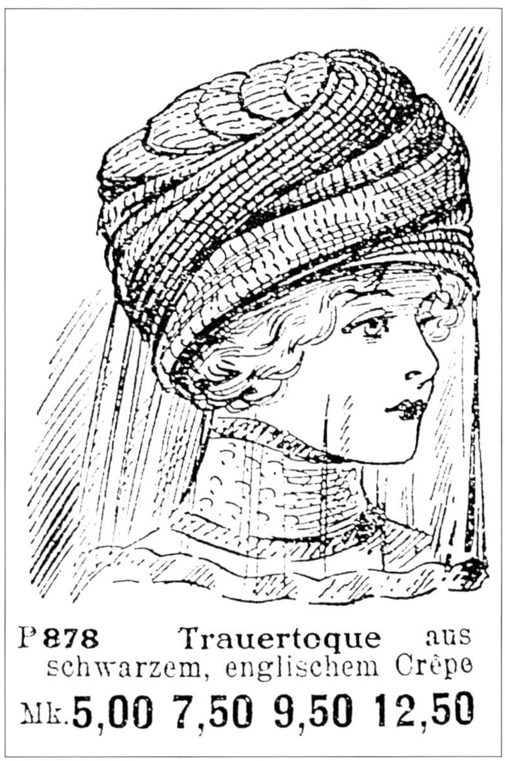

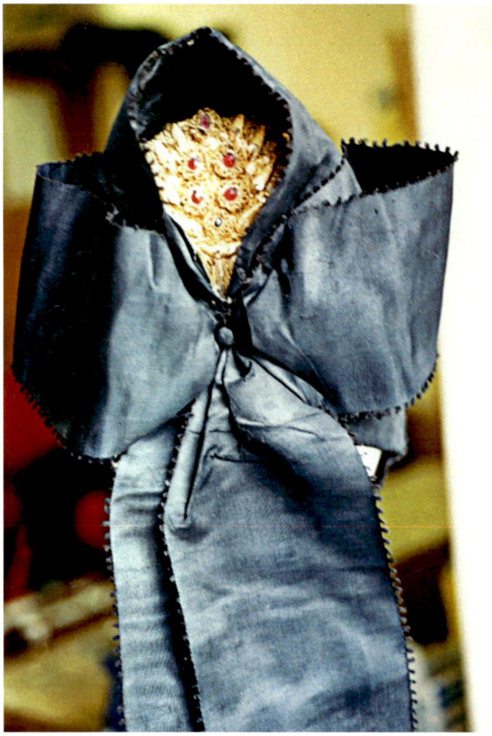

Abb. 179: Bänderhaube, Spessart, Ende 19. Jhd.

●● **Trachtenhaube** (OB Kopfbedeckung)
Der Begriff Haube ist formtypologisch nicht fassbar.

Hier werden unter dem Begriff Trachtenhaube alle von Frauen getragenen Kopfbedeckungen in lokal-, regional-, national- oder berufsspezifischen Kleidungssystemen eingeordnet, sofern sie nicht auf Grund ihrer äußeren Merkmale anderen Oberbegriffen – etwa Hut oder Krone – zugeordnet werden können.

Auf Grund der Vielzahl von Formen und Synonymen sind die nachfolgenden Unterbegriffe zu Trachtenhaube lediglich als Beispiele zu verstehen.

Eine Schaar von zwölf jungen Helgoländermädchen in der alten Nationaltracht, in rothen, gelbbordierten Rock, seidener Taille und Schürze, seidenem Halstuch, gestickter Kappe mit Spitzen und langen seidenen Bändern, weißen langen Handschuhen, echte friesische Gestalten, überreichte dem Kaiser Blumen, der mit herzlichen Worten dankte.

Erstmaliger Besuch des deutschen Kaisers auf Helgoland 1890. Aus Teltower Kreis-Blatt vom 12. August 1890

●●● **Bänderhaube** (OB Trachtenhaube)
Bei der Bänderhaube sind die Bänder konstitutives Merkmal. Sie können entweder allein den Kopfteil bilden oder sie umschließen einen in unterschiedlichen Formen bestehenden Haubenkörper. Die Bänder können mit Pappe, Draht etc. versteift sein. (Abb. 179)
Syn.: Bandhaube

●●● **Dreistückhaube** (OB Trachtenhaube)
Die Dreistückhaube besteht aus drei Schnittteilen; ihre Form variiert.

Häufig besteht sie aus zwei gleichen, zumeist am Kopf anliegenden Seitenteilen und einem Mittelstück, das durch Versteifung, Fältelung, in die Stirn reichende Schneppe etc. der Dreistückhaube ihre jeweils charakteristische Form gibt.

Die andere Variante gleicht der dritten der Zweistückhaube; sie hat einen runden oder länglichen Haubenboden; ihn umschließen wie ein breiter Rand zwei Seitenteile, die auf der Scheitellinie zusammengenäht sind.
Syn.: Dreistückmütze, Dreistückshaube

●●● **Flügelhaube** (OB Trachtenhaube)
Hauptmerkmal der Flügelhaube sind weit über den Kopf herausragende, steife, größflächige Flügel. (Abb. 180)

●●● **Goldhaube***

●●● **Hormt** (OB Trachtenhaube)
Der Hormt ist eine zylindrische Kopfbedeckung, die aus Pappe besteht, mit rotem Damast überzogen und mit mehreren Reihen Goldblättchen behängt ist. Oben ist sie offen; die Öffnung ist überspannt von einem wulstartigen Bügel. Hinten hängen breite Bänder herab.

Der Hormt gehört zur Altenburger Festtagstracht junger Mädchen. (Abb. 181)

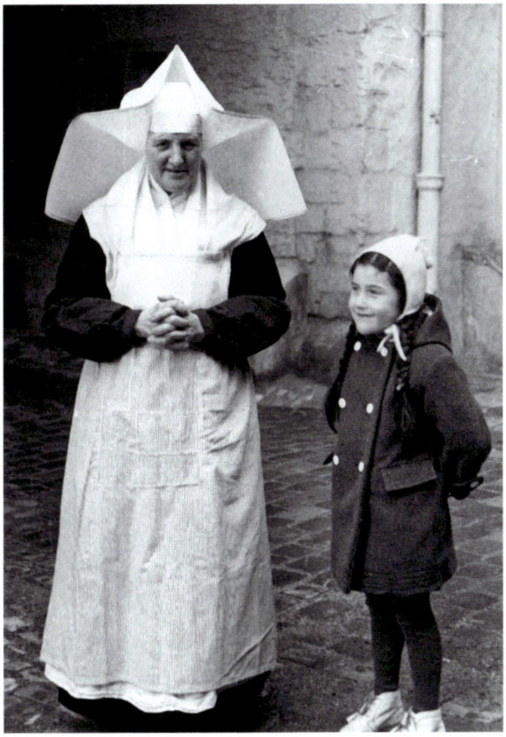

Abb. 180: Regensburger Vinzentinerin mit Flügelhaube, 1959

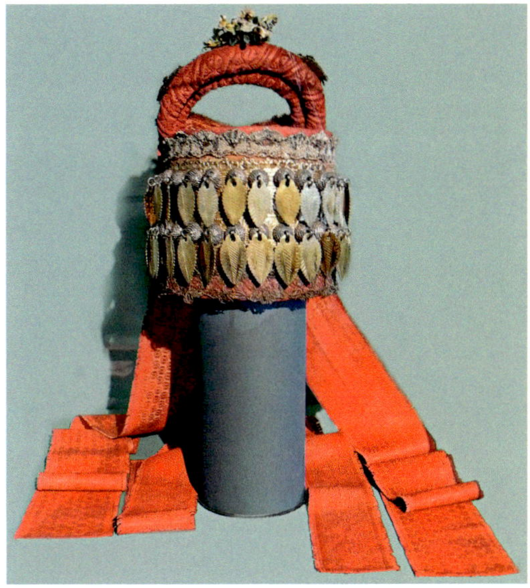

Abb. 181: Hormt, Altenburg, 1624

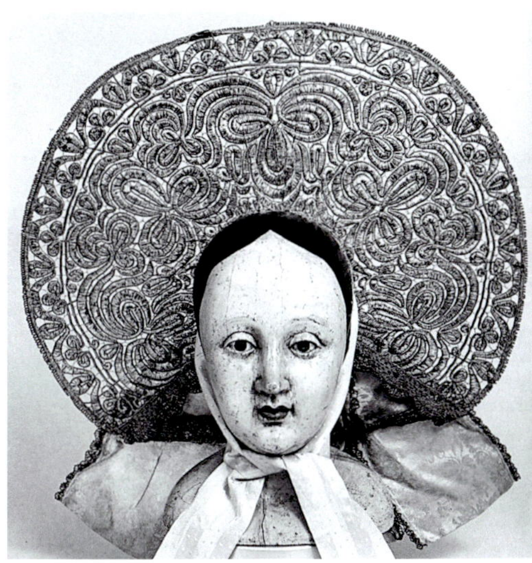

Abb. 182: Radhaube, Allgäu, um 1840

In der Augsburgischen tracht hat das haarband, reich mit perlen gestickt, lange und noch durch das vorige jahrhundert hindurch einen hervorragenden theil der groszen toilette gebildet; im Altenburgischen ist der name hormt (aus hôrbant] auf einen kopfschmuck junger mädchen übergegangen.

Aus dem Artikel »Haarband«. In: Jacob und Wilhelm Grimm, Deutsches Wörterbuch. 4. Band, 2. Abtheilung. Bearbeitet von Moriz Heyne. Leipzig 1877, Sp. 23–24, hier Sp. 24

●●● **Ohreisenhaube** (OB Trachtenhaube)
Die Ohreisenhaube ist eine am Hinterkopf getragene, halbkugelige Trachtenhaube mit einem mittigen Schlitz am hinteren unteren Ende für den Haarknoten. An der vorderen Kante wird das Ohreisen getragen.

●●● **Radhaube** (OB Trachtenhaube)
Die Radhaube ist eine Trachtenhaube mit einer am Hinterkopf aufragenden Scheibe, die aus einem mit Tüll oder Goldspitze bezogenen Drahtgestell besteht. (Abb. 182)
Syn.: Rädleskappe, Radmütze

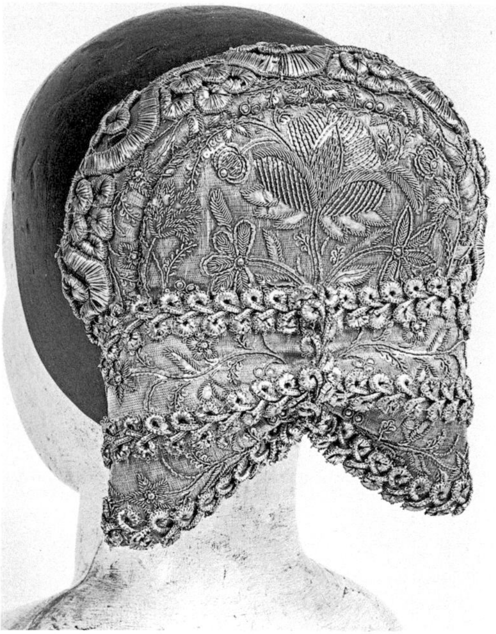

Abb. 183: Riegelhaube, Bayern, um 1830

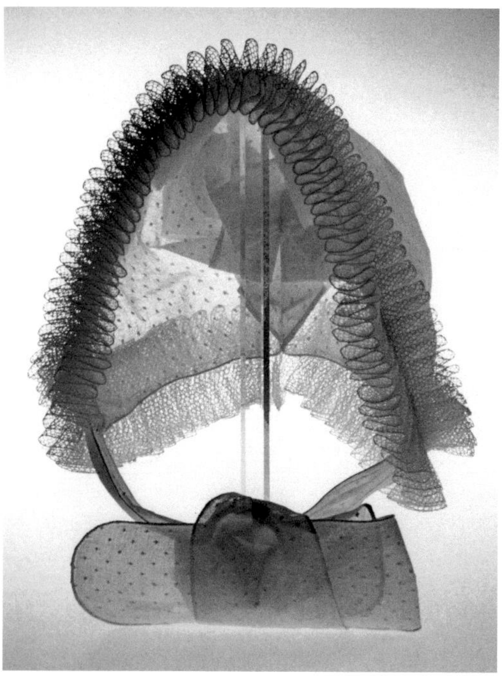

Abb. 184: Schwesternhaube, hier Diakonissenhaube, Kaiserswerth, 19. Jhd.

●●● **Riegelhaube** (OB Trachtenhaube)
Die Riegelhaube ist eine steife Trachtenhaube, die im Nacken eine stilisierte Schleife, den Riegel, hat.

Der Riegel hat sich vom 16. Jahrhundert bis um 1800 aus einer Schleife entwickelt. (Abb. 183)
Syn.: Ringelhaube, Stiefelzieher

Unter die Haube heißt Trachten im doppelten Sinn.
Deutsches Sprichwort

●●● **Schwesternhaube** (OB Trachtenhaube)
Die Schwesternhaube besteht zumeist aus gestärktem weißem Textil. Es gibt sie in unterschiedlichen Formen. In der Regel sitzt sie am Hinterkopf und kann vorn am Hals mit einer Schleife gebunden sein. (Abb. 184, 185)
Syn.: Diakonissenhaube, Krankenschwesternhaube, Rotkreuzhaube

●●● **Sechsstückhaube** (OB Trachtenhaube)
Die Sechsstückhaube besteht aus sechs keilförmigen Stücken, die mit der Spitze auf dem Scheitel zusammentreffen.

●●● **Servierhäubchen** (OB Trachtenhaube)
Das Servierhäubchen besteht aus leichtem weißem Stoff, etwa Batist und Tüll. Es kommt, zumeist mit vielfachen aufgesetzten Rüschenreihen und steif gestärkt, in unterschiedlichen Formen vor, zum Beispiel in Schleifen-, Sichel- oder Schiffchenform.

Überwiegend wird es auf dem Oberkopf getragen.

Am weitesten verbreitet ist um 1900 das Hamburger Häubchen, ein Servierhäubchen in Schiffchenform aus Batist und Baumwollstoff, das auf dem Scheitel festgesteckt wird. (Abb. 186)
Syn.: Dienstbotenhäubchen, Dienstmädchenhaube, Hamburger Häubchen, Rüsche (Trachtenhaube)

●●● **Zweistückhaube** (OB Trachtenhaube)
Von der Zweistückhaube gibt es drei Varianten:

Die erste besteht aus zwei symmetrischen Teilen, die durch eine von der Stirn über den Wirbel zum Nacken verlaufende Naht verbunden sind.

Die zweite besteht aus zwei zusammengenähten Teilen, die unterschiedlich lang sein können.

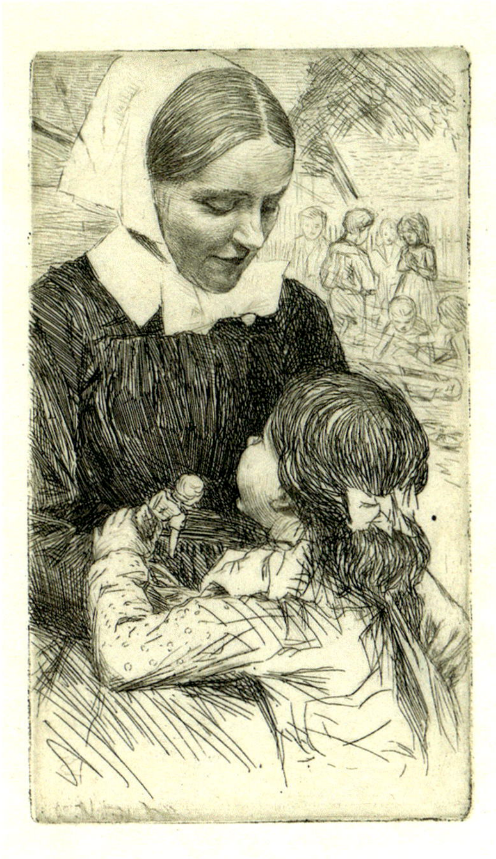

Abb. 185: *Kind und Diakonisse, Radierung von Bruno Héroux, um 1908*

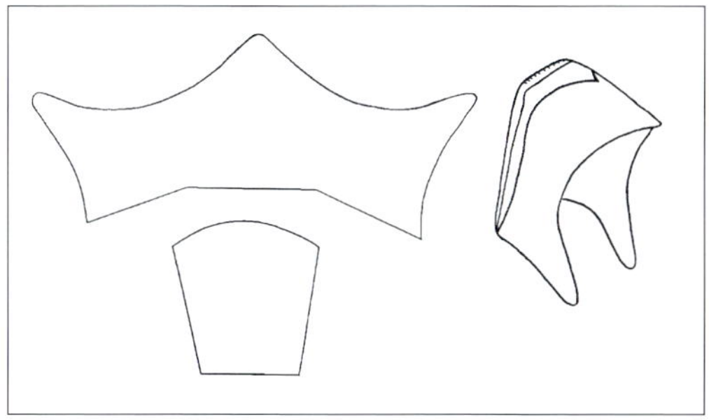

Abb. 187: Schnittzeichnung Zweistückhaube

Die Naht läuft entlang der ganzen Breite quer über die Haube.

Die dritte hat einen runden oder länglichen Haubenboden, an dem ein unterschiedlich breiter Rand angesetzt ist; sie gleicht einer Variante der Dreistückmütze. (Abb. 187)
Syn.: Ziehhaube, Zweistückmütze, Zweistückshaube

●● **Tschako** (OB Kopfbedeckung)
Der Tschako des frühen 19. Jahrhunderts ist eine hohe Schirmmütze mit Deckel; er besteht aus unterschiedlichen Materialien. Ursprünglich ist er eine militärische Kopfbedeckung.

Er entwickelt sich zu einer helmartigen Kopfbedeckung aus steifem Leder bzw. Fiberglas und wird bis um 1970 von der deutschen Polizei getragen. (Abb. 188)
Syn.: Czako, Husarenhelm, Tschacko

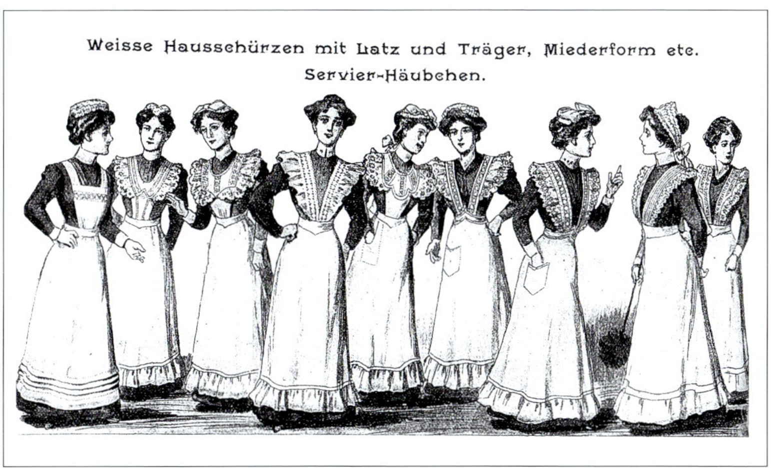

Abb. 186: Werbung für verschiedene Servierhäubchen, München, 1910

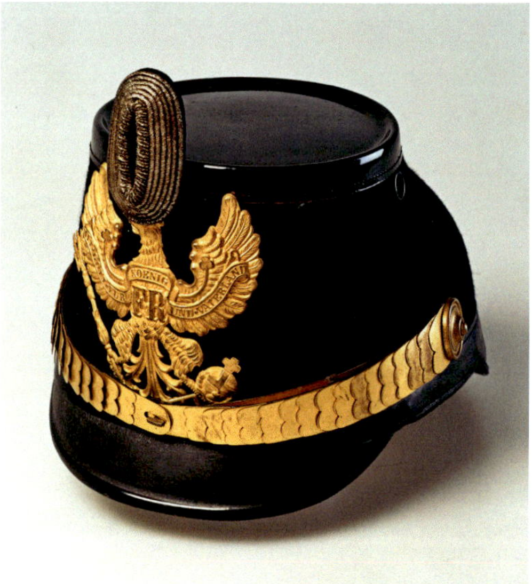

Abb. 188: *Tschako für Offiziere der Jägerbataillone Nr. 3, 4, 7, 8, 9 und 11, Preußen, um 1910*

Ganz schwarz sind wir montiert, mit Blute aus staffiert; auf den Czakos tragen wir den Totenkopf, wir haben verloren unsern Herzog.

Lied der schwarzen Husaren, 1815, 2. Strophe. Hier wird Bezug genommen auf den Tod von Herzog Friedrich Wilhelm von Braunschweig-Oels (1771–1815), der in den Napoleonischen Kriegen die so genannte Schwarze Schar, das Herzoglich Braunschweigische Korps, anführte und der in der Schlacht bei Quatre-Bas südlich von Waterloo fiel. Als Schwarzer Herzog wurde er zum deutschen Volkshelden.

●● **Turban** (OB Kopfbedeckung)

Der Turban besteht aus einem oder mehreren um den Kopf drapierten Tuch/Tüchern.

Oft ist er aufgeputzt, etwa mit Federn oder Schmucksteinen.

Bereits um 1800 ist er Teil der europäischen Modekleidung, als sich das Interesse am Orient, das durch tagesaktuelle Ereignisse wie der Sieg der Briten unter Lord Horatio Nelson (1758–1805) über die Franzosen 1798 in der Seeschlacht auf dem Nil bei Abukir befördert wird, modisch u.a. in einer »ägyptischen Tracht« manifestiert. 1911 bringt der Pariser Modeschöpfer Paul Poiret (1879–1944) auf seinem Fest »La mille et deuxième nuit« (= Tausendundzweite Nacht) den Turban als Teil seiner Abendgarderobe erneut in Mode. (Abb. 189)

Syn.: Türkenbund, Türkenhut

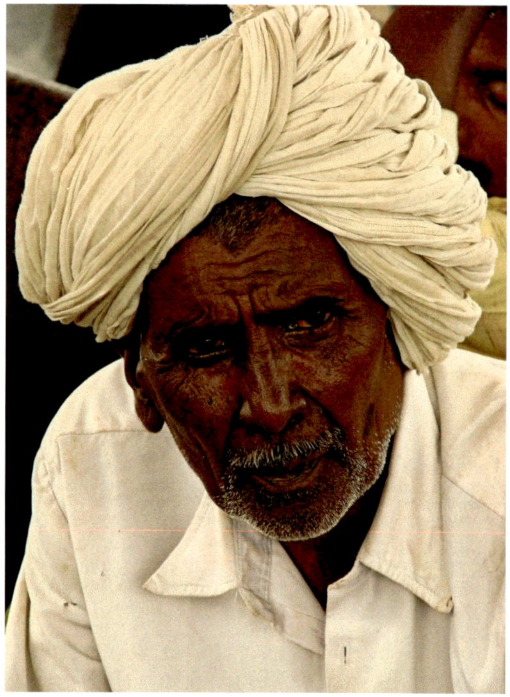

Abb. 189: *Mann mit Turban, Goa, 2008*

Eben so bemerkten sie [die klugen Französinnen], daß die Bekanntschaft mit dem Oriente einen Blick aus jenen Tagen dort hinüber zulasse. So griffen sie denn hier und dorthin, lehrten Shawl und Turban sich willig mit dem reichbefiederten Baret, dem indischen Blumenschmuck, dem römischen Diadem vertragen, machten aus dem Baret einen Hut, bogen, zerrten, drückten an diesem, bis er zur Toque ward, die dann bald spitz, bald flach, hoch, breit und schmal getragen ward, wie es der Modewechsel verlangte.

Caroline de la Motte Fouqué: Geschichte der Moden 1785–1829. [...] Berlin 1988, S. 92–93

●● **Unterhaube***

●● Untermütze*

●● Vollmaske (OB Kopfbedeckung)

Die Vollmaske umschließt den ganzen Kopf und ist oft figürlich ausgeführt. (Abb. 190)
Syn.: Kopfmaske, Schwellkopf, Schwellmaske

●● Wimpel (Kopfbedeckung) (OB Kopfbedeckung)

Der Wimpel ist ein schalartiges, um den Kopf, Hals und Nacken drapiertes Tuch, das nur das Gesicht frei lässt.

Er wird allein oder in Kombination mit einem Schleier getragen und ist oft Teil katholischer Nonnentrachten. (Abb. 191)
Syn.: Guimpe

Weisse Nonnen schwartz geweilert.
Es ist auch erfunden worden / Vor Jaren ein andrer Orden / Unter dem Weiblichem Geschlecht / Daß man darinn solt leben recht / Ihr Kleider trugen sie mit fleiß / Von Gewand / das war durchaus weiß/ Allein ein Weiler war erlaubt / Von schwartz zu tragen auf dem Haupt.

Jost Amman: Frauentrachtenbuch. Mit kolorierten Holzschnitten der Erstausgabe von 1586 und mit einem Nachwort von Manfred Lemmer. Frankfurt am Main 1986, o. S.

Abb. 190: Vollmaske, Maske des »Herrn vom Katzenkopf« zum Gregoriusfest, Coburg, um 1960

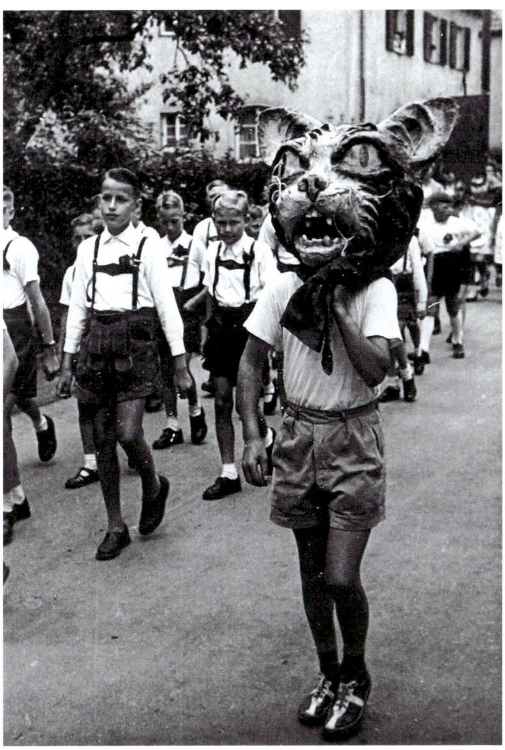

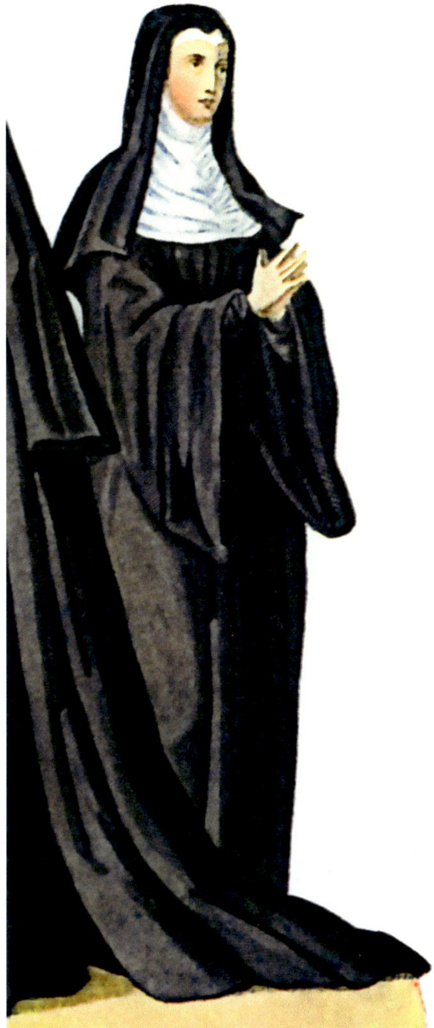

Abb. 191: Benediktinerin mit weißem Wimpel unter schwarzem Schleier

●● Wulsthaube*

●● Wulsthut*

Zur Warnung.
In der London Chronicle vom 19 bis den 21 Febr. d. J. findet sich nachfolgender trauriger Zufall. Eine junge Dame geht des Morgens in einer Dormeuse und mit einem von den neumodischen Sommerhüten spatziren, welcher ringsumher mit herabhangenden Spitzen und Trotteln gezieret ist. Durch die sonderbare Beschaffenheit der Mütze und des Hutes, sind ihr die Augen dergestalt eingeschrenkt, daß sie so wenig in die Höhe, als auf die Seite sehen kañ. Entzückt in sich selbst oder doch Gedanken los vergißt sie, oder sieht es nicht, daß sie sich nahe an einer Windmühle befindet. Und in dem Augenblick faßt ihr ein Flügel dieser Mühle unters Kinn, und schleudert die unglückliche Schöne dergestalt herum daß sie Tod und zerschmettert zur Erde fällt.

Weil man in England leicht die Vermuthung faßt, daß sich eine Person vorsetzlich ums Leben gebracht habe: so wird sie wie gewöhnlich besichtiget. Allein die Geschwornen welche dieses Amt dort verrichten urtheilen so fort aus der Mütze und dem Hute, daß sie nicht völlig bey Verstande gewesen. Es ist ihr also noch ein ehrliches Begräbniß zuerkandt, zugleich aber in Vorschlag gebracht worden, die Dormeusen und abhangenden Hüte, durch eine Parlaments= acte abzuschaffen.

Wöchentliche Osnabrücker Anzeigen 1767, Sp. 183–184

Anhang

Literatur

Die Literaturliste beinhaltet die Publikationen, die bei der Erstellung des Thesaurus verwendet wurden. Das bedeutet, dass sie neben wissenschaftlichen Standardwerken auch regionalbezogene Veröffentlichungen sowie Populärliteratur enthält.

Weiterführende Literaturhinweise zum Thema Regionalspezifische Kleidung enthält das Literaturverzeichnis des unten aufgeführten Bestandkatalogs der Sammlung Oskar Kling von Claudia Selheim (S. 427–438; bibliografische Angaben siehe unten).

Akkent, Meral u. Gaby Franger: Das Kopftuch – Başörtü. Ein Stückchen Stoff in Geschichte und Gegenwart. Geçmiste ve Günümüzde Bir Parça Kumaş. Frankfurt am Main 1987. (Frauen in der einen Welt, Sonderheft 12)

Akkent, Meral (Hrsg.): Kopftuch-Kulturen. Begleitbuch zur Ausstellung: Das Kopftuch, nur ein Stückchen Stoff in Geschichte und Gegenwart. Nürnberg 1999

Albrod, Gisela: (K)ein alter Hut. Katalog zur Ausstellung des Landschaftsverbandes Rheinland, Rheinisches Museumsamt. Köln 1986. (Schriften des Rheinischen Museumsamtes, 36)

Albrod, Gisela: Hüte. Kopfbedeckungen und ihre Geschichte(n). In: Alois Döring (Hrsg.): Von Kleidern und Menschen. Kleidungsgewohnheiten an Rhein und Maas im 19. und 20. Jahrhundert. Köln u. a. 1999. S. 289–309

Alte Hüte!? Aus den Zwanzigern und Dreißigern. Ausstellung vom 9.11.1999 bis 9.1.2000, Museum für Angewandte Kunst Gera, weitere Ausstellungen Museum Korbach, Museum Schloß Burgk. Gera 1999

Andés, Louis Edgar: Die Verarbeitung des Strohes zu Geflechten und Strohhüten, Matten, Flaschenhülsen, Seilen, in der Papierfabrikation und zu vielen anderen Zwecken. Ein Hand- und Hilfsbuch für Strohflechtereien, Flechtschule, Strohhutfabrikanten, Landwirthschaften usw. Wien u. a. 1896. (A. Hartlebens Chemisch-Technische Bibliothek, 232)

Antike Helme. Sammlung Lipperheide und andere Bestände des Antikenmuseums Berlin. Mit Beiträgen von Angelo Bottini u. a. Mainz 1988. (Römisch-Germanisches Zentralmuseum, Monographien, 14)

Antonietti, Thomas: Mode, Macht und Tracht. Kleidungsverhalten in Visperterminen und im Wallis 1700–2000. Baden 2003

Anziehungskräfte. Variété de la mode 1786–1986. Aus Anlaß des 125jährigen Jubiläums von Ludwig Beck am Rathauseck München. Hrsg. vom Münchner Stadtmuseum. München o. J. [1986]

Arnold, Janet: Perukes and Periwigs. National Portrait Gallery. London 1970

Au, Hans von der: Die Schlothaube. Zur Geschichte der Tracht im Maintal. In: Unter der Dorflinde 33/1951, S. 16–17

Au, Hans von der: Odenwälder Tracht. Darmstadt 1952

Au, Hans von der: Vom Haubenschmuck zwischen Odenwald und Spessart. In: Aschaffenburger Jahrbuch 3/1956, S. 363–368

Auf den Hut genommen ... Hutnadeln um die Jahrhundertwende. Katalog zur Ausstellung im Historischen Museum Murten, 7. Februar bis 8. Juni 1987. Murten 1987

Baizerman, Suzanne: The Jewish Kippa Sruga and the Social Construction of Gender in Israel. In: Ruth Barnes u. Joanne B. Eicher (Hrsg.): Dress and Gender: Making and Meaning in Cultural Contexts. Oxford u. a. 1997. (Cross-Cultural Perspectives on Women, 2), S. 92–105

Baker, Lilian: Hatpin and hatpin holders. An illustrated value guide. Paducah 1983

Baker, Patricia L.: The Fez in Turkey: A Symbol of Modernization? In: Costume 20 (1986), S. 72–85

Barbe, Josephine: Hut und Putz. Kreationen aus Filz, Stroh und Stoff. Fotos von Stefan Maria Rother. Bern u. a. 2002

Basisbegriffe zur Inventarisierung historischer Kleidung. Red.: Susanne Kopp-Sievers, Museumsverband Sachsen-Anhalt. 2., überarb. u. verbess. Aufl., Bernburg o. J. [1997]

Bates, Christina: Women's Hats and the Millinery Trade, 1840–1940. An Annotated Bibliography. In: Dress 27 (2000), S. 49–58

Bates, Christina: The Nurse's Cap and its Ritual. In: Dress 36 (2010), S. 21–40

Bausinger, Hermann: Die Dinge der Macht. In: Andreas Hartmann (Hrsg): Die Macht der Dinge. Symbolische Kommunikation und kulturelles Handeln. Festschrift für Ruth-E. Mohrmann. Münster 2011. (Beiträge zur Volkskultur in Nordwestdeutschland, 116), S. 27–34

Bawden, Juliet: Hat Book. London 1992

Bawden, Juliet: Hüte. Kreationen für jede Gelegenheit. Köln 1994

Der Bazar, 40. Jahrgang, 1894

Beaufort-Spontin, Christian: Harnisch und Waffe Europas. Teil 1: Die militärische Ausrüstung im 17. Jahrhundert. München 1982. (Bibliothek für Kunst- und Antiquitätenfreunde, 57)

Beitl, Klaus u. Olaf Bockhorn (Hrsg.): Kleidung – Mode – Tracht. Referate der Österreichischen Volkskundetagung 1986 in Lienz (Osttirol). Wien 1987. (Buchreihe der Österreichischen Zeitschrift für Volkskunde, NF 7)

Ben-Yusuf, Anna: Edwardian hats. The art of millinery (1909). Mendocino 1992

Beretta-Piccoli, Maria: Die Benennung der weiblichen Kopftracht des Landvolks der deutschen Schweiz. Basel u. a. 1936. (Schriften der Schweizerischen Gesellschaft für Volkskunde, 24)

Berghahn, Sabine u. Petra Rostock (Hrsg.): Der Stoff, aus dem Konflikte sind. Debatten um das Kopftuch in Deutschland, Österreich und der Schweiz. Bielefeld 2009

Biebuyck, Daniel P. u. Nelly van den Abbeele: The Power of Headdresses. A Cross-Cultural Study of Forms and Functions. Gent 1984

Bindmann, Magdalena: Trachtenhauben aus Thüringen. In: Thüringer Hefte für Volkskunde 1994, S. 84–106

Bindmann, Magdalena: Trachtenhauben aus Thüringen. Hrsg. von der Volkskundlichen Beratungs- und Dokumentationsstelle für Thüringen. Erfurt 1997. (Volkskundliche Materialien)

Blum, Dilys E.: Ahead of Fashion – Hats of the 20th Century. Published on the occasion of an exhibition shown at the Philadelphia Museum of Art, August 21 – November 28, 1993. Philadelphia 1993. (Philadelphia Museum of Art Bulletin, 89)

Bockhorn, Olaf: Herstellung eines Strohhutes in Kals. Zur Erstvorführung des Filmes C 1871 des Österreichischen Bundesinstitutes für den Wissenschaftlichen Film. In: Klaus Beitl u. Olaf Bockhorn (Hrsg.): Kleidung – Mode – Tracht. Referate der Österreichischen Volkskundetagung 1986 in Lienz (Osttirol). Wien 1987. (Buchreihe der Österreichischen Zeitschrift für Volkskunde, NF 7), S. 235–243

Boeheim, Wendelin: Handbuch der Waffenkunde. Leipzig 1890

Boehn, Max von: Die Mode. Bearb.: Ingrid Loschek. 3. überarb. Aufl., München 1986. Bd.1: Eine Kulturgeschichte vom Mittelalter bis zum Barock. Bd. 2: Eine Kulturgeschichte vom Barock bis zum Jugendstil

Bolomier, Eliane: Cent ans de chapeaux, 1870–1970. Catalogue. Chazelles-sur-Lyon 1993

Böning, Jutta: Das Artländer Trachtenfest. Zur Trachtenbegeisterung auf dem Land vom ausgehenden 19. Jahrhundert bis zur Gegenwart. Münster u. a. 1999. (Beiträge zur Volkskultur in Nordwestdeutschland, 99)

Bönsch, Annemarie: Formengeschichte europäischer Kleidung. Wien u. a. 2001. (Konservierungswissenschaft. Restaurierung. Technologie, 1)

Böth, Gitta: Kleidungsverhalten in hessischen Trachtendörfern. Der Wechsel von der Frauentracht zur städtischen Kleidung 1969–1976 am Beispiel Mardorf. Zum Rückgang der Trachten in Hessen. Frankfurt am Main u. a. 1980. (Europäische Hochschulschriften Reihe 19, Abt. A, Volkskunde, 18)

Böth, Gitta u. Gaby Mentges: Auswahlbibliographie zu Themen der Kleidungsforschung unter besonderer Berücksichtigung methodischer Fragestellungen. In: Helmut Ottenjann (Hrsg.): Mode – Tracht – regionale Identität. Historische Kleidungsforschung heute. Referate des internationalen Symposions im Museumsdorf Cloppenburg, Niedersächsisches Freilichtmuseum. Cloppenburg 1985, S. 193–198

Bramm, Otto: Deutsche Brautkränze und Brautkronen. Ein Beitrag zu ihrer Typologie und der Symbolik ihres Schmuckes. In: Oswald A. Erich (Hrsg.): Die Sachgüter der deutschen Volkskunde. Berlin 1934. (Jahrbuch für historische Volkskunde III/IV), S. 163–185

Bräuer, Birgit: Fräulein Haberbeck und ihre Hüte. Kreationen zwischen Jugendstil und Moderne. Begleitbuch zur Ausstellung im Lippischen Landesmuseum Detmold, 28. Mai – 22. Oktober 2000. Detmold 2000. (Kataloge des Lippischen Landesmuseums Detmold, 2)

Braun, Hartmut: Der Schäppel und sein kulturgeschichtlicher Ursprung. In: Forschungen und Berichte zur Volkskunde in Baden-Württemberg 1971–1973, S. 165–171

Braune, Gudrun u. Peter Fauser (Hrsg.): Thüringer Trachten. Forschung – Dokumentation – Pflege. Erfurt 2001. (Schriften der Volkskundlichen Beratungs- und Dokumentationsstelle für Thüringen, 17)

Bringemeier, Martha: Brautkronen im Münsterland. In: Rheinisch-westfälische Zeitschrift für Volkskunde 14 (1967), S. 73–82

Bringemeier, Martha: Priester- und Gelehrtenkleidung. Tunika / Sutane / Schaube / Talar. Ein Beitrag zu einer geistesgeschichtlichen Kostümforschung. Münster 1974. (Rheinisch-westfälische Zeitschrift für Volkskunde, Beiheft 1)

Bringemeier, Martha: Mode und Tracht: Beiträge zur geistesgeschichtlichen und volkskundlichen Kleidungsforschung. 2., erw. Aufl., Münster 1985. (Beiträge zur Volkskultur in Nordwestdeutschland, 15)

Brückner, Barbara: Die Münchner Riegelhaube. In: Bayerisches Jahrbuch für Volkskunde 1958, S. 39–52

Bruhn, Wolfgang: Der Hut und seine Geschichte. In: Der Filzhut. Seine Geschichte und Herstellung II. Berlin 1936, S. 29–60

Bruhn, Wolfgang u. Max Tilke: Kostümgeschichte in Bildern. Eine Übersicht der Kostüme aller Zeiten und Völker vom Altertum bis zur Neuzeit einschließlich der Volkstrachten Europas und der Trachten der außereuropäischen Länder. Wiesbaden o. J.

Buchet, Martine: Panama. Chapeau de légende. Paris 1995

Buxbaum, Gerda: Die Hüte der Adele List. Dieses Buch erschien anlässlich der Ausstellung »Die Hüte der Adele List« im Kunstgewerbemuseum Budapest vom 6. Mai – 7. Juni 1995 … im Musée de la Mode et du Costume, Paris, 1996. Hrsg. vom Institut für Kostümkunde, Hochschule für Angewandte Kunst in Wien. München u. a. 1995

Chapeaux d'hier et d'aujourd'hui. Zwei Jahrhunderte Pariser Hut, neue Schweizer Damen- und Herrenhüte. Ausstellung, Kunstgewerbemuseum Zürich, 18. Februar bis 12. März 1950. Zürich 1950

Chico, Beverly: Gender Headwear and Power in Judaic and Christian Traditions. In: Dress 17 (1990), S. 127–140

Chico, Beverly: Gender Headwear. Traditions in Judaism and Islam. In: Dress 27 (2000), S. 18–36

CIBA-Rundschau Nr. 31, 1938, Themenheft: Der Hut, S. 1125–1160

Clark, Fiona: Hats. London 1982. (The Costume Accessories Series)

Corfield, Penelope J.: Dress for Deference and Dessent: Hats and the Decline of Hat Honour. In: Costume 23 (1989), S. 64–79

Corfield, Penelope J.: Ehrerbietung und Dissens in der Kleidung. Wandel der Bedeutung des Hutes und des Hutziehens. In: Aufklärung. Interdisziplinäre Halbjahresschrift zur Erforschung des 18. Jahrhunderts und seiner Wirkungsgeschichte 6:2 (1991), S. 5–18

Costume. The Journal of the Costume Society [UK] 1 (1967) ff.

Davis, Eli u. Elise: Hats and Caps of the Jews. Jerusalem 1983

Déjà vu. Moden 1950 – 1990. [Museum für Kunst und Gewerbe Hamburg, 8. Juli bis 4. September 1994]. Heidelberg 1994

Delpierre, Madeleine (Hrsg.): Chapeaux 1750–1960. 1 février 1980 – 13 avril 1980, Palais Galliéra, Musée de la Mode et du Costume. Paris 1980

Delpierre, Madeleine: Hut. In: Anziehungskräfte. Variété de la mode 1786–1986. Aus Anlaß des 125jährigen Jubiläums von Ludwig Beck am Rathauseck München. Hrsg. vom Münchner Stadtmuseum. München o. J. [1986], S. 222–230

Demornex, Jacqueline: Le siècle en chapeaux. Claude Saint-Cyr, histoire d'une modiste. Paris 1991

Dintsis, Petros: Hellenistische Helme. Rom 1986. (Archaeologica, 43). Bd. 1: Text. Bd. 2: Tafeln

Döring, Alois (Hrsg.): Von Kleidern und Menschen. Kleidungsgewohnheiten an Rhein und Maas im 19. und 20. Jahrhundert. Köln u. a. 1999

Doyé, Franz von Sales: Die alten Trachten der männlichen und weiblichen Orden sowie der geistlichen Mitglieder der ritterlichen Orden. Leipzig o. J. [1930]

Dress. The Journal of the Costume Society of America 1 (1979) ff.

Du Mortier, Bianca M. (Hrsg.): Chapeau, chapeaux! 40 hoeden uit de verzameling van het Rijksmuseum = 40 hats from the collection of the Rijksmuseum [4.10.1997 – 29.3.1998]. Amsterdam 1997

Durbin, Gail: Wig, Hairdressing and Shaving Bygones. Aylesbury 1984. (Shire Library, 117)

Ebert, Sigrid: Die Marburger Frauentracht. 2. Aufl., Marburg 1967. (Beiträge zur Volkskunde Hessens, 7)

Eckstein, Eve u. June Firkins: Hat Pins. Princes Risborough 1992

Eelking, Hermann-Marten von: Das Bildnis des eleganten Mannes. Ein Zylinderbrevier von Werther bis Kennedy. Berlin 1962

Egg, Markus u. Götz Waurick: Antike Helme. Katalog zur Ausstellung des Landes Rheinland-Pfalz in Verbindung mit der Stiftung Preußischer Kulturbesitz Berlin, Antikenmuseum und dem Römisch-Germanischen Zentralmuseum Mainz, Forschungsinstitut für Vor- und Frühgeschichte im Historischen Museum der Pfalz Speyer, 26. Mai – 10. Juni 1990. Mainz 1990

Eichmann, Eduard: Die Kaiserkrönung im Abendland. Ein Beitrag zur Geistesgeschichte des Mittelalters. Mit besonderer Berücksichtigung des kirchlichen Rechts, der Liturgie und der Kirchenpolitik. Würzburg 1942. 2 Bde.

Eisenhardt, Barbara: »… unter die Haube gekommen…« Die Haubensammlung von Agnes Kinz. Konservierung, Restaurierung, Lagerung und Präsentation von 94 Goldhauben und Trachtenhüten aus dem Vorarlberger Landesmuseum. Dipl.-Arb. Wien 2008

El Guindi, Fadwa: Veil. Modesty, privacy and resistance. Oxford u. a. 2003

El Guindi, Fadwa: Veiling resistance. In: Fashion Theory 3 (1999), S. 51–80

En alte Huet! Bernische Kopfbedeckungen aus der Zeit von 1700 bis 1940. [Konzept der Ausstellung u. Katalog: J. Harald Wäber]. [Schloss Jegenstorf, Ausstellung 7. Mai – 16. Oktober 1988]. Jegenstorf 1988

Engel, Gisela u. Susanne Scholz (Hrsg.): Kopf- und andere Tücher. Berlin 2005. (Salecina-Beiträge zur Gesellschafts- und Kulturkritik, 6)

Engelsing, Tobias: Chapeau! Berühmte Kopfbedeckungen 1700 – 2000. [Anlässlich der Sonderausstellung vom 23.07. bis 27.11.2011 im Rosgartenmuseum Konstanz] Konstanz 2011. (Konstanzer Museumsjournal 2011)

Falkenberg, Regine u. Tim Urban: FOKUS Fashion. In: Fokus Fashion. Magazin zur Ausstellung Fashioning Fashion Europäische Moden 1700 – 1915. [Ausstellung 27. April – 29. Juli 2012, Deutsches Historisches Museum]. o. O. u. J. [Berlin 2012], S. 30–45

Fischer, Georg: Fachkunde für das Hutmacher- und Modistengewerbe. Wien 1986

Foltin, Hans-Friedrich: Die Kopfbedeckungen und ihre Bezeichnungen im Deutschen. Gießen 1963. (Beiträge zur deutschen Philologie, 26)

Fritsch, Karl Ewald u. Friedrich Sieber: Bergmännische Trachten des 18. Jahrhunderts im Erzgebirge und im Mansfeldischen. Berlin 1957. (Veröffentlichungen des Instituts für deutsche Volkskunde, 12)

Furnival, Jane: Dumbells, Ear Caps and Hair Restorer. A Shopper's Guide to Gentlemen's Foibles, 1800s–1930s. London 1999

Ginsburg, Madeleine: The Hat: Trends and Traditions. London 1990

Gottschewski, Adolf: Die Hutmacherei in Leipzig. In: Untersuchungen über die Lage des Handwerks in Deutschland, Leipzig 1897. (Schriften des Vereins für Socialpolitik, 67), Bd. VI, Teil 3, S. 287–331

Grimm, Barbara: Spessarter Frauenhauben in der ersten Hälfte des 19. Jahrhunderts. In: Marina Scheinost (Hrsg.): Haube – Hausfrau – Halloween. Lebendige Kulturwissenschaft. Festschrift für Elisabeth Roth zum 75. Geburtstag. Hildburghausen 1996. (Bamberger Beiträge zur Volkskunde, 6), S. 21–41

Grimm, Jacob u. Wilhelm: Deutsches Wörterbuch. Leipzig u.a. 1854–1971. 33 Bde.

Hadwich, Rudolf: Die rechtssymbolische Bedeutung von Hut und Krone. [Diss. Masch.] Mainz 1952

Handbuch der Strohhut- und Damenfilzhutfabrikation. Unter Mitwirkung von Fachleuten hrsg. vom Verlage der »Strohhut-Zeitung«. Berlin 1913/1916. 2 Bde.

Harrison, Michael: The History of the Hat. London 1960

Heit, Martha: Kleidung im Trierer Land des frühen 19. Jahrhunderts. Funde und Befunde nach dem Amtsblatt der Regierung zu Trier, 1816 bis 1836. Konz 1997. (Schriften des Volkskunde- und Freilichtmuseums Roscheider Hof, Konz, 17)

Helm, Rudolf: Schnittzeichnungen hessischer Trachten. In: Hessische Blätter für Volkskunde 27 (1928), S. 15–68

Helm, Rudolf: Köpfe und Trachten. 37 Aufnahmen aus Hessen und Waldeck. Kassel o. J. [1934]. (Hessen und Waldeck in schönen Bildern, 4)

Henderson, Debbie: Cowboys & Hatters: Bond Street, Sagebrush & the Silver Screen. Kent State University Museum, March 9–October 31, 1996. Yellow Springs 1996

Henderson, Debbie: The Top Hat. An Illustrated History of its Styling and Manufacture. Yellow Springs 2000

Henderson, Debbie: The Handmade Felt Hat. Yellow Springs 2001

Henderson, Debbie: Hat Talk. Conversations with Hat Makers about Their Hats – the Fedora, Homburg, Straw, and Cap. Yellow Springs 2002

Hesselink-van der Riet, Tilly: Zur Kopfbedeckung – Die Haube. Parallelen in Deutschland und den Niederlanden. In: Andreas Eiynck (Hrsg.): Mode und Tracht in alter Zeit. Begleitheft zur gleichnamigen Ausstellung im Rahmen der Veranstaltungsreihe »Damals bei uns im Emsland« vom 9. August bis 9. September 1991 in Emsbüren. Lingen 1991, S. 54–67

Heyden, August von: Erläuterungen zu der Sammlung historischer Hüte des Herrn J. G. Wilke. Leipzig 1881

Heyden, August von: Die Tracht der Kulturvölker Europas vom Zeitalter Homers bis zum Beginne des XIX. Jahrhunderts. Leipzig 1889

Hofer, Alfons: Textil und Modelexikon. [CD-ROM-Ausg. der] 7., vollst. überarb. und erw. Aufl., Frankfurt 2002

Hopkins, Susie: The Century of Hats. Headturning Style of the Twentieth Century. Edison 2009

Hüte und Hauben aus der Sammlung Marlen Tostmann. Katalog zur Ausstellung Seewalchen 7. Juni – 27. Juli 1996. Wien 1996

Hüte – von Wertheimer Köpfen. Ausstellung vom 11. Dezember 1993 bis 4. April 1994 / Hrsg. vom Grafschaftsmuseum Wertheim im Alten Rathaus. Wertheim 1994. (Wertheimer Museumsschriften, 15)

HUT & CO. 150 Jahre Hutgeschichte(n). Hrsg. vom Landschaftsverband Westfalen-Lippe u.a. LWL-Industriemuseum, Textilmuseum in Bocholt. Projektleitung, Konzeption, Ausstellung und Katalog: Hermann Josef Stenkamp. Bocholt 2007

Hutter, Ernestine: Kein Stand ohne Hut. Hüte aus der volkskundlichen Sammlung des Salzburger Museums C[arolino] A[ugusteum]. Salzburg 1995. (Schriftenreihe zu Kunstgewerbe und Volkskunde, 3)

Im Glanz der goldenen Haube. Westfälische Haubenstickereien des 18. und 19. Jahrhunderts. Münster 1985

Jacobi, Louis (Bearb.): Fabrikation von Damen- und Herren-Filzhüten. Berlin 1933

Jaeckel, Peter: Türkische Kopfbedeckungen in mitteleuropäischen Museen. In: Waffen- und Kostümkunde 12 (1970), S. 1–18

Jedding-Gesterling, Maria u. Georg Brutscher (Hrsg.): Die Frisur. Eine Kulturgeschichte der Haarmode von der Antike bis zur Gegenwart veranschaulicht an Kunstobjekten der Sammlung Schwarzkopf und internationaler Museen. Hamburg 1990

Jeurink, Jan: Die Trachten in der Niedergrafschaft Bentheim 1875–1950. Cloppenburg 1986. (Materialien zur Volkskultur nordwestliches Niedersachsen, 10)

Johler, Reinhard: Volkskultur – oder: Die Geschichte des Steiererhütels. In: Medien Journal 3 (1995), S. 3–10

Journal des Luxus und der Moden. Kolorierte Kupfer aus Deutschlands erster Modezeitschrift. Ausgewählt und erläutert von Christina Kröll. Dortmund 1979 (Die bibliophilenTaschenbücher, 117)

Jouvion, Philippe: Le Béret. Rodez 1998

Jung, Michael: Meeresgrundwanderer. Der vergessene Tauchpionier Peter Kreeft aus Barth. Kückenshagen 1997. (Kleine Schriftenreihe Regionalgeschichte, 4)

Kammerhofer-Aggermann, Ulrike: Die Geschichte einer Folklorisierung und Instrumentalisierung. Der Salzburger Lamberghut. In: Salzburger Volkskultur 19 (1995), S. 15–26

»Kein alter Hut«. Kopfputz durch die Jahrhunderte. 9. November 1997 – 26. April 1998, Heimatmuseum Höfingen »Im Alten Rathaus«. Leonberg-Höfingen 1997

Keller-Drescher, Lioba: Die Ordnung der Kleider. Ländliche Mode in Württemberg 1750–1850. Tübingen 2003. (Untersuchungen des Ludwig-Uhland-Instituts der Universität Tübingen, 96)

Kerkhoff-Hader, Bärbel (Hrsg.): Tragen Sie Hut? An- und Einsichten über Hüte und andere Kopfbedeckungen. [Katalog zur Ausstellung; Ausstellungstermine: 17.12.1990 – 11.01.1991: Erziehungswiss. Fakultät der Universität zu Köln, 28.01.1991 – 23.03.1991: Universitäts- und Stadtbibliothek Köln]. Köln 1991

Kieslich, Thomas (Hrsg.): Zwischen Haupt und Himmel: Hüte & Kopfschmuck. Ausstellung HWK-Galerie, Düsseldorf; Handwerksform, Hannover...1987/88 [Veranst. Handwerkskammer Düsseldorf. Kooperation Handwerksform Hannover, Ausstellungs- u. Informationszentrum d. Niedersächs. Handwerkskammertages]. Düsseldorf 1987

Kießling, Alois u. Max Matthes: TextilFachwörterbuch. Neuaufl. Berlin 1993 (Fachbuchreihe Modernes Fachwissen Textilien und Bekleidung)

Kleiber, Gabriele: Durchaus kein alter Hut. Oder ohne Zylinder kein Gentleman? In: Baden-Württemberg 34.1987, H. 2, S. 35–39

Knauer, E. R.: Mitra and kerykeion. Some reflections on symbolic attributes in the art of the classical period. In: Archäologischer Anzeiger 1992, H. 3, S. 373–399

Knöss, Conrad: Der Friseur. Ein Hand- und Nachschlagebuch für Damen- und Herrenfriseure,

Haarfärber, Kosmetiker und Perückenmacher. 9., neubearb. u. erw. Aufl., Gießen 1965

Könenkamp, Wolf-Dieter: Wirtschaft, Gesellschaft und Kleidungsstil in den Vierlanden während des 18. und 19. Jahrhunderts. Zur Situation einer Tracht. Göttingen 1978. (Schriften zur Niederdeutschen Volkskunde, 9)

Koschier, Franz: Die Kärntner »Bodenhaube«. In: Die Kärntner Landsmannschaft 1/1979, S. 21–24

Koschier, Franz: Der Kärntner Bänderhut – eine Krone. In: Die Kärntner Landsmannschaft 10/1981, S. 55–58

Koschier, Franz: Die Kärntner Bürgerfrauen-Hauben. In: Blätter für Kärntner Volkskunde 1 (1986), S. 22–25

Kopfputz. In: C. Herlosssohn (Hrsg.): Damen Conversations Lexikon. Sechster Band: Italien (Frauen) bis Majo. o. O. 1836, S. 192–197

Krajicek, Helmut, Franziska Lobenhofer-Hirschbold u. Andrea Thurnwald: Ländliche Kleidung zwischen Mode und Tradition. Ausstellungsbegleitheft. Großweil 1991. (Schriften des Freilichtmuseums des Bezirks Oberbayern, 17)

Krogerus, Gunvor: Bezeichnungen für Frauenkopfbedeckungen und Kopfschmuck im Mittelniederdeutschen. Helsinki 1982. (Commentationes Humanarum Litterarum, 72)

Kronbiegel, Carl Friedrich: Ueber die Sitten, Kleidertrachten und Gebräuche der Altenburgischen Bauern. 2. verb. Aufl., Altenburg 1806

Krug, Annette: Kleidung im Lingener Land 1815–1914. Eine Quellenuntersuchung. Münster u. a. 1998. (Beiträge zur Volkskultur in Nordwestdeutschland, 98)

Kühnel, Harry (Hrsg.): Bildwörterbuch der Kleidung und Rüstung. Vom alten Orient bis zum ausgehenden Mittelalter. Stuttgart 1992. (Kröners Taschenausgabe, 453)

Kukahn, Erich: Der griechische Helm. Diss. Marburg 1936. Teil I: Frühgeschichte. Teil II: Formgeschichte des korinthischen Helmes

Kybalová, Ludmila, Olga Herbenová u. Milena Lamarová: Das große Bilderlexikon der Mode. Vom Altertum zur Gegenwart. 3. Aufl., Gütersloh u. a. 1976

Lange, Ernst: Frisuren im Wandel der Jahrhunderte. Ein erschöpfender geschichtlicher Aufriß der Frisuren und Kleidermode aller Zeiten und Völker mit zahlreichen fachlichen Anregungen und Handgriffen zur Fertigstellung historischer Frisuren. Berlin 1938

Langley, Susan: Vintage Hats and Bonnets 1770–1970. Identification and Values. 2nd Ed., Paducah 2009

Larraß, Eva: Mode – Tracht – Kostüm. Sammlung Eva Larraß, Darmstadt; Bücher, Zeitschriften, Druckgraphik; anläßlich der Ausstellung »Festtagskleidung – Werktagskleidung« im Museum Ober-Ramstadt 1988. 3., erw. Aufl., Ober-Ramstadt 1988/1993. 2 Bde.

Lauffer, Otto: Der volkstümliche Gebrauch der Totenkronen in Deutschland. In: Zeitschrift des Vereins für Volkskunde 26 (1916), S. 225–246

Lauffer, Otto: Jungfernkranz und Brautkrone. In: Zeitschrift für Volkskunde 40 (1930), S. 25–29

Le Maux, Nicole: Histoire du Chapeau feminin. Modes de Paris. Paris 2000

Lepp, Nicola: Revoluzzer und Randalierer. Ausschnitte einer Kleidergeschichte des Protests. In: Kleider und Leute. Vorarlberger Landesausstellung 1991, Renaissance-Palast Hohenems, 11. Mai bis 27. Oktober 1991. Hohenems 1991, S. 255–292

Ley, Andreas (Bearb.): Von Kopf bis Hut. Kopfbedeckungen aus der Textilsammlung des Münchner Stadtmuseums vom 18. Jahrhundert bis 1984. Katalog zur Ausstellung im Münchner Stadtmuseum 17. Februar – 9. September 1984. München 1984

Ley, Andreas (Hrsg.): Hüte, Hüte, Hüte ... von Kopf bis Hut. Kopfbedeckungen aus der Sammlung des Modemuseums im Münchner Stadtmuseum vom 18. Jahrhundert bis 2000. [... anläßlich einer Ausstellung im Münchner Stadtmuseum vom 14. April bis 20. August 2000]. Wolfratshausen 2000

Liebreich, Aenne: Der Kruseler im 15. Jahrhundert. In: Zeitschrift für historische Waffen- und Kostümkunde 10 (1923/1925), S. 219–223

Lipp, Franz Carl: Goldhaube und Kopftuch. Zur Geschichte und Volkskunde der österreichischen, vornehmlich Linzer Goldhauben und oberösterreichischen Kopftücher. Linz 1980

Lipp, Franz C.: Die Phrygische Mütze war es nicht. Zu den formprägenden Kräften der Linzer Goldhaube. In: Österreichische Zeitschrift für Volkskunde 84 (1982), S. 109–113

Lipp, Franz C.: Hüte und Hauben der Frauentrachten. In: Franz C. Lipp u. a. (Hrsg.): Tracht in Österreich. Geschichte und Gegenwart. Wien 2004, S. 173–181

Loschek, Ingrid: Mode im 20. Jahrhundert. Eine Kulturgeschichte unserer Zeit. 4., durchges. u. akt. Aufl., München 1990

Loschek, Ingrid: Accessoires. Symbolik und Geschichte. München 1993

Loschek, Ingrid: Reclams Mode und Kostümlexikon. 5., akt. und erw. Aufl., Stuttgart 2005

Loschek, Ingrid u. Beate Schmid (Hrsg.): Klassiker der Mode. Die Erfolgsgeschichte legendärer Kleidungsstücke und Accessoires. Augsburg 1999

Mai, Monika: Kleidung. Bestandskatalog des Schwäbischen Bauernnhofmuseums Illerbeuren. Mit Beiträgen von Hans Frei u. a. Kronburg-Illerbeuren 1994. (Druckerzeugnisse des Schwäbischen Bauernhofmuseums Illerbeuren, 8)

Marschner, Joanna u. Beatrice Behlen: Hats and handbags. Accessories from the royal wardrobe, Kensington Palace, London. [Exhibition at the Kensington Palace 23 May 2003 – 18 April 2004]. Surrey 2003

Marsh, Heidi: Hair, Hat, Hood and Bonnet, Too. Of the Era of the Hoop. Greenville 1993

Mattausch-Schirmbeck, Roswitha: »Gut behütet«. Begleitschrift zur ständigen Ausstellung des »Hutmuseums« im Museum d. Stadt Bad Homburg v. d. Höhe. Bad Homburg 1985

Mattausch-Schirmbeck, Roswitha: Praktisch, schön und mörderisch. Hutnadeln 1860–1920. [Diese Publikation erschien anläßlich der gleichnamigen Ausstellung im »Museum im Gotischen Haus«, Bad Homburg v. d. Höhe vom 11. April bis zum 22. August 1999]. Bad Homburg 1999

McDowell, Colin: Forties fashion and the New Look. London 1997

McDowell, Colin: Hats. Status, Style, and Glamour. 1. Paperback Ed., London 1997

Mentges, Gaby: Erziehung, Dressur und Anstand in der Sprache der Kinderkleidung. Eine kulturgeschichtlich-empirische Untersuchung am Beispiel der Schwälmer Kindertracht. Frankfurt am Main u. a. 1989. (Europäische Hochschulschriften Reihe 19, Abt. A, Volkskunde, 31)

Merzbacher, F.: Der Hut im Recht. In: Jahrbuch für fränkische Landesforschung 34/35 (1974/75), S. 839–851

Michel, Gustav: Brautkrönchen aus der Gegend von Trier. In: Zeitschrift des Vereins für rheinische und westfälische Volkskunde 3 (1906), S. 39–44

Miehe, Brunhilde: Der Tracht treu geblieben.

[Bd. 1:] Studien zum regionalen Kleidungsverhalten in Hessen. 2. Aufl., Haunetal/ Wehrda 1995

[Bd. 2:] Studien zum regionalen Kleidungsverhalten in der Lausitz. Bautzen 2003

Bd. 3: Studien zum regionalen Kleidungsverhalten in der Schwalm. Kirchheim 2004

Bd. 4: Studien zum regionalen Kleidungsverhalten im Schaumburger Land. Kirchheim 2005

Bd. 5: Studien zum regionalen Kleidungsverhalten im Schwarzwald. Kirchheim 2006

Bd. 6: Studien zum regionalen Kleidungsverhalten in Franken. Haunetal/Wehrda 2007

Miller-Robinson, Fred: The Man in the Bowler Hat. His History and Iconography. Chapel Hill 1993

Mitteilungen der Gesellschaft für Historische Kostüm- und Waffenkunde: H. 1–9, 1955–1959

Modenschau. Zeitschrift für Heim und Gesellschaft. Heft 172, 1927

Moritz, Marina: Trachten machen Leute. Ländliche Kleidungsstile im 19. und beginnenden 20. Jahrhundert. Erfurt 1997. (Schriften des Museums für Thüringer Volkskunde Erfurt, 11)

Moser, Hans: Jungfernkranz und Strohkranz. In: Konrad Köstlin u. Kai Detlev Sievers (Hrsg.): Das Recht der kleinen Leute. Beiträge zur Rechtlichen Volkskunde. Festschrift für Karl-Sigismund Kramer. Berlin 1976, S. 140–161

Müller, Heidi: Dienstbare Geister. Leben und Arbeitswelt städtischer Dienstboten. Berlin 1985. (Schriften des Museums für Deutsche Volkskunde Berlin, 6)

Müller, Heinrich u. Fritz Kunter: Europäische Helme. Aus der Sammlung des Museums für Deutsche Geschichte. 2., erw. und neubearb. Aufl., Berlin 1982

[Müller-]Windorf, Rose: Die Putzfibel. Das Buch der Warenkunde für Putzmacherinnen. Berlin 1936

Müller-Windorf, Rose: Die Hutfibel. Die große Fachkunde für Modistinnen mit Fachlexikon. 6. Aufl. der »Putzfibel«. Alfeld 1966

Natter, Tobias G. (Hrsg.): Schappele, Chränsle & Co. 96 traditionelle Kopfbedeckungen der Sammlung Kinz. [Begleitpublikation zur gleichnamigen Ausstellung im Vorarlberger Landesmuseum, Bregenz, vom 8. März bis 1. Juni 2008]. Hohenems 2008

Nichols, Marian: Straw plainting and the Straw Hat Industry in Britain. In: Costume 30 (1996), S. 112–124

Nieberg, Johanne: Der Klapphut. In: Osnabrücker Land. Heimat-Jahrbuch 1983, S. 149–151

Nienholdt, Eva u. Gretel Wagner (Bearb.): Katalog der Lipperheideschen Kostümbibliothek. Berlin 1965. 2 Bde.

Oestreich, Heide: Der Kopftuch-Streit. Das Abendland und ein Quadratmeter Islam. Frankfurt am Main 2004

Ottenjann, Helmut (Hrsg.): Mode – Tracht – Regionale Identität. Historische Kleidungsforschung heute. Referate des internationalen Symposions im Museumsdorf Cloppenburg, Niedersächsisches Freilichtmuseum. Cloppenburg 1985

Ottenjann, Helmut: Der Silhouetteur Caspar Dilly aus Löningen. Familienbilder der Landbevölkerung im westlichen Niedersachsen 1805–1841. Mit einem Beitrag zu Trümpelmann-Silhouetten der Weser-Ems-Region. Cloppenburg 1998. (Die Blaue Reihe, 3)

Ottenjann, Helmut: Der Frauenkopfschmuck »Ohreisen« – ein Indikator des Sachkulturtransfers aus den Niederlanden in nord- und westdeutsche Regionen während des 17. und 18. Jahrhunderts. In: Rheinisch-westfälische Zeitschrift für Volkskunde 43 (1998), S. 123–154

Ottenjann, Helmut: Der Frauenkopfschmuck »Ohreisen« im Saterland. Ein Kulturtransfer aus den Niederlanden während des 18. Jahrhunderts. In: Jahrbuch für das Oldenburger Münsterland 1999, S. 57–67

Pabst, Anna: Das moderne Putzfach in Wort und Bild. 2. Aufl., Leipzig 1917

Paramente der christlichen Kirchen. Systematisches Fachwörterbuch. Comité international d'histoire de l'art. 3. neu bearbeitete und erw. Aufl., München 2002. (Glossarium Artis, 4)

Peacock, John: Die Mode des 20. Jahrhunderts. Das Bildhandbuch. Bern u. a. 1993

Peacock, John: Männermode – das Bildhandbuch. Von der Französischen Revolution bis zur Gegenwart. Bern u. a. 1996

Peacock, John: Kostüm und Mode – das Bildhandbuch. Von den frühen Hochkulturen bis zur Gegenwart. 3. Aufl., Bern u. a. 2003

Pesendorfer, Gertrud: Über die Hüte der tirolischen Bauerntracht im 17. Jahrhundert bis zur Gegenwart. In: Tiroler Heimatblätter 10 (1932), S. 351–370

Pflug, Hermann: Antike Helme aus dem Antikenmuseum Berlin, Staatliche Museen Preußischer Kulturbesitz. [Ausstellung im Stadtmuseum Linz-Nordico, 18. November 1988 bis 22. Jänner 1989]. Linz-Nordico 1988. (Katalog des Stadtmuseums Linz-Nordico, 46)

Pflug, Hermann: Antike Helme. Antikenmuseum Berlin, Staatliche Museen Preußischer Kulturbesitz zu Gast im Rheinischen Landesmuseum Bonn. [Ausstellung vom 7.9. bis 5.11.1989]. Bonn 1989

Philippi, Dieter: Sammlung Philippi. Kopfbedeckungen in Glaube, Religion und Spiritualität. Leipzig 2009

Prechtl, Marianne: Hutmacher und Hutträger. Gegenwärtige gesellschaftliche Bedingungen und Veränderungen. Dipl.-Arb. Wien 2005

Probert, Christina: Hats in Vogue since 1910. New York 1981

Rady, Ottilie: Der Kruseler. In: Zeitschrift für Historische Waffen- und Kostümkunde 10 (1923–1925), S. 131–136

Reitz-Töller, Maria-Luise: Die Putzmacherin. Ein weibliches Handwerk. Mainz 1998. (Studien zur Volkskultur in Rheinland-Pfalz, 24)

Relang, Regi u. Marietta Riederer: Faszination Hüte. 1934 – 1984. Königsbach-Stein 1985

Reynolds, William u. Ritch Rand: The Cowboy Hat Book. Rev. Ed. Salt Lake City 2003

Ribbert, Margret: Auf Basler Köpfen: Kulturgeschichtliche Aspekte von Hüten, Hauben, Mützen… Basel 2003. (Neujahrsblatt, 181)

Ritz, Gislind M.: Riegelhaube und Kropfkette. Zum Erscheinungsbild der Münchener Bürgertracht um 1800. In: Hubert Glaser (Hrsg.): Wittelsbach und Bayern. München u. a. 1980. Bd. III/1: Krone und Verfassung. König Max I. Joseph und der neue Staat. Beiträge zur Bayerischen Geschichte und Kunst 1799–1825. S. 326–333

Rodel, Gustav: Aus der Geschichte der Kopfbedeckungen, des Kopfputzes und der Hutmode. Fahrwangen 1942

Rodel, Gustav: Von der alten Freiämter Stroh-Handflechterei zur modernen Hutgeflechtindustrie. Fahrwangen 1960

Röhrich, Lutz: Lexikon der sprichwörtlichen Redensarten. 6. Aufl., Freiburg u. a. 2003. 3 Bde.

Rörig, Maria: Zur westfälischen Haubentracht des 19. Jahrhunderts. Ein Arbeitsbericht. In: Westfalen. Hefte für Geschichte, Kunst und Volkskunde, Bd. 24, 1939, S. 178–193

Rörig, Maria: Hauben und Falgen im Sauerlande. Ein Beitrag zur westfälischen Trachtengeschichte. In: Westfalen. Hefte für Geschichte, Kunst und Volkskunde, Bd. 25, 1940, S. 115–119

Roetzel, Bernhard u. Günter Beer: Der Gentleman. Handbuch der klassischen Herrenmode. Köln 1999

Saison am Strand. Badeleben an Nord- und Ostsee, 200 Jahre. 16. April 1986 bis 31. August 1986, Altonaer Museum in Hamburg, Norddeutsches Landesmuseum. Herford 1986

Scarisbrick, Diana: Tiaras. San Francisco u. a. 2000

Scarisbrick, Diana: Timeless Tiaras. Chaumet from 1804 to the Present. New York 2003

Schädler, Karl Ferdinand: Masken der Welt. Sammlerstücke aus fünf Jahrtausenden. München 1999

Scheller, Ludwig: Lindenberg, auch Klein-Paris genannt. Lindenberger Hüte in aller Welt. Ein Stück Kulturgeschichte. 2. Aufl., Weiler i. Allg. 1975

Schier, Bruno: Der Hut als Spiegel der sozialen Stellung und seelischen Haltung seines Trägers. In: Zeitschrift für Volkskunde 50 (1953), S. 261–270

Schier, Bruno: Die mittelalterlichen Anfänge der weiblichen Kopftrachten im Spiegel des mittelhochdeutschen Schrifttums. In: Beiträge zur sprachlichen Volksüberlieferung. [Festschrift für Adolf Spamer]. Berlin 1953. (Deutsche Akademie der Wissenschaften zu Berlin, Veröffentlichungen der Kommission für Volkskunde, 2), S. 141–155

Schiers, Ulrich: Die Sammlungen des Wehrgeschichtlichen Museums im Schloss Rastatt, Freiburg, Rastatt 1988. Bd. 5: Kopfbedeckungen. Teil 1: Die Verbreitung der Pickelhaube in den deutschen Staaten

Schiers, Ulrich: Die Tropenhelme der kaiserlichen Marine, der ostasiatischen Truppen und der Schutztruppen. Berlin 2007. (Zeitschrift für Heereskunde, Sonderheft)

Schindler, Margot: Unter der Bedeckung eines Hutes. Hauben und Hüte in der Volkstracht. Wien 1984

Schmidt, Leopold (Hrsg.): Masken in Mitteleuropa. Volkskundliche Beiträge zur europäischen Maskenforschung. Anlässlich des sechzigjährigen Bestehens des Vereines für Volkskunde in Wien. Wien 1955

Schneider, Jenny: Hut ab vor so viel Kopfbedeckungen! 200 Jahre Frauenhüte und -hauben in der Schweiz. In: Zeitschrift für Schweizerische Archäologie und Kunstgeschichte 38 (1981), S. 305–312

Schönebeck, Christine: … mit Hut am Niederrhein. Zur Geschichte der Hutmacherei und der Hutmode Hrsg. vom Förderverein Museum Voswinckelshof. Gladbeck 2007

Schubert, Gabriella: Das Kopftuch und seine Funktion im balkanischen Kontext. In: Zeitschrift für Balkanologie 25 (1989), S. 199–220

Schubert, Gabriella: Hut. In: Enzyklopädie des Märchens. Handwörterbuch zur historischen und vergleichenden Erzählforschung. Berlin u. a. 1990, Bd. 6, Sp. 1412–1415

Schubert, Gabriella: Kleidung als Zeichen. Kopfbedeckungen im Donau-Balkan-Raum. Wiesbaden 1993 (Balkanologische Veröffentlichungen, 20)

Segschneider, Ernst Helmut: Totenkranz und Totenkrone im Ledigenbegräbnis nach einer Dokumentation des Atlas der Deutschen Volkskunde. Köln 1976. (Werken und Wohnen. Volkskundliche Untersuchungen im Rheinland, 10)

Seiterle, Gérard: Die Urform der phrygischen Mütze. In: Antike Welt. Zeitschrift für Archäologie und Kunstgeschichte 16:3 (1985), S. 3–13

Selheim, Claudia: Die Entdeckung der Tracht um 1900. Die Sammlung Oskar Kling zur ländlichen Kleidung im Germanischen Nationalmuseum. Bestandskatalog. Nürnberg 2005

Sirch, Bernhard: Der Ursprung der bischöflichen Mitra und päpstlichen Tiara. St. Ottilien 1975. (Kirchengeschichtliche Quellen und Studien, 8)

Snyder, Jeffrey B.: Stetson Hats and the John B. Stetson Hat Company, 1865–1970. Atglen 1997

Spycher, Albert: Hutmacherei in alter und neuer Zeit. Basel o. J. [1992]. (Altes Handwerk, 59)

Steigerwald, Frank Neidhart: Gugel, Gebende und gebrechliche Konsolen. Ein Beitrag zur Kostümkunde und Bauplastik des Mittelalters. In: Niederdeutsche Beiträge zur Kunstgeschichte 18 (1979), S. 43–92

Stevens-Cox, James: An illustrated dictionary of hairdressing & wigmaking. Containing words, terms and phrases (current and obsolete), dialectal, foreign, and technical, used in Britain and America pertaining to the crafts of hairdressing and wigmaking; also words derived from these crafts having a wider use. London 1984

Suter, Fritz: Hutlexikon in Text und Bild. Schule für Hutmacherei. Forch/Zürich o. J. [2001]

Svoboda, Christa u. Sieglinde Baumgartner: Vom Böndl zur Goldhaube. Die Haubensammlung des Salzburger Museums, Volkskundemuseum im Monatsschlössl, Hellbrunn bei Salzburg, 9. Juni bis 14. Oktober 1990. Salzburg 1990. (Salzburger Museum Carolino Augusteum: Sonderausstellung des Salzburger Museums Carolino Augusteum, 145)

Talare, Wichs und Jeans. Zur Geschichte der Universitätskleidung in Marburg. Ausstellung anläßlich des 450jährigen Universitätsjubiläums der Philipps-Universität, Schloß, Kleiner Rittersaal vom 12. Juni – 31. August 1977. [Hrsg. vom Museumsseminar 1976/77 des Fachgebiets Europäische Ethnologie an der Philipps-Universität Marburg … Red.: Gitta Böth]. Marburg 1977

Terminologie und Typologie mittelalterlicher Sachgüter. Das Beispiel der Kleidung. Internationales Round-Table-Gespräch, Krems an der Donau, 6. Oktober 1986. Wien 1988. (Veröffentlichungen des Instituts für mittelalterliche Realienkunde Österreichs, 10)

Thiel, Erika: Geschichte des Kostüms. Die europäische Mode von den Anfängen bis zur Gegenwart. 9., akt. Aufl., Berlin 2010

Timidior, Otto: Der Hut und seine Geschichte. Eine kulturgeschichtliche Monographie. Wien u. a. 1914

Trupat, Christina: Kopf-Arbeit. Zur Entwicklung des Friseurhandwerks seit 1871. Berlin 1990. (Materialien, 6)

Turner Wilcox, Ruth: The Mode in Hats and Headdresses. A Historical Survey. Dover 2008

Viehoff-Heithorn, Theresa (Hrsg.): Alles Kopfsache. Hut, Helm, Tuch & Co. Katalog zur Ausstellung im LWL-Industriemuseum Henrichshütte Hattingen 8. Juli – 30. Oktober 2011. Essen 201

Vischer, Theodor Friedrich: Mode und Cynismus. Beiträge zur Kenntniss unserer Culturformen und Sittenbegriffe. Stuttgart 1879. Auch im Internet: < http://archive.org/details/modeundcynismusb00viscuoft >, abgerufen am 27.08.2012

Vocabulary of basic terms for cataloguing costume. ICOM International Committee for the Museums and Collections of Costume. Bearb.: Anne Buck u. a. München 1982

Volkmann, Ludwig (Hrsg.): Das moderne Buch. Stuttgart 1910 (Die graphischen Künste der Gegenwart, 3)

Waffen- und Kostümkunde. Zeitschrift der Gesellschaft für Historische Waffen- und Kostümkunde 1 (1959) ff.

Wagner, Manfred u. Adele List: List-Hüte zwischen 1914 und 1970. Modelle der Wiener Hutkünstlerin Adele List geb. 1893. [Zusammenstellung und Organisation der Ausstellung: Manfred Wagner ...] Wien 1983

Walther, Rolf: Über den Umgang mit Perücken und Perücken-Machern. Aus dem Alltag der Mode im 18. Jahrhundert. In: Waffen- und Kostümkunde 20 (1978), S. 19–32

Wannenwetsch, Walter u. Joachim Hilsenbeck: Die militärischen Kopfbedeckungen mit Polizei, Feuerwehr und Steuerwache 1869–1919. Reutlingen 1993

Wannenwetsch, Walter u. Joachim Hilsenbeck: Württembergs militärische Kopfbedeckungen, 1786 bis 1871. Reutlingen 2011

Weber-Kellermann, Ingeborg: Gutbeschreiblich – weiblich. Zur Zeichensprache von Kopf- und Haartrachten in der Kostümgeschichte der Frauen. In: Rheinisches Jahrbuch für Volkskunde 29 (1991/92), Themenheft: Frauenforschung, S. 77–95

Wildhaber, Robert (Hrsg.): Kopfbedeckungen aus Europa. Führer durch das Museum für Völkerkunde und Schweizerische Museum für Volkskunde, Basel. Sonderausstellung 1. Aug. 1963 – 15. März 1964. Basel o. J. [1964]

Wincott Heckett, Elizabeth: Viking Age Headcoverings from Dublin. Dublin 2003. (Medieval Dublin Excavations 1962–81, Series B, 6)

Wisniewski, Claudia: Wörterbuch des Kostüms und der Mode. 6., akt. u. erw. Aufl., Stuttgart 2010

Wiswe, Mechthild: Haube, Kapotte und Kapuze in der Tracht und Mode der Frauen. Die Sammlung des Kreismuseums Peine. Peine 1999. (Schriftenreihe des Kreismuseums Peine, 18)

Woertman, D. W. u. J. Herbert: Mutsen en Streekdrachten in Gelderland en Overijssel. Nijmegen 1977

Wüscher-Becchi, Enrico: Ursprung der päpstlichen Tiara (regnum) und der bischöflichen Mitra. Rom 1899. (Sonderdruck aus: Römische Quartalsschrift 1899, 2. H.)

Zander-Seidel, Jutta: Das erbar gepent. Zur ständischen Kleidung in Nürnberg im 15. und 16. Jahrhundert. In: Waffen- und Kostümkunde 27 (1985), S. 119–140

Zander-Seidel, Jutta: Kleiderwechsel. Frauen-, Männer- und Kinderkleidung des 18. bis 20. Jahrhunderts. Nürnberg 2002. (Die Schausammlungen des Germanischen Nationalmuseums, 1)

Zare, Antje: Hutmacherei um 1800. Mode – Gewerbe – Kultur. Köln 2012

Zuckriegl, Hans: Südmährische Goldhauben und ihre Verwandten in Niederösterreich und Mähren. Mit Brauchtum, Sprüchen, Liedern und Erzählungen. Wien 1991

Zumdick, Maya u. Katharina Schlimmgen-Ehmke: Die Braut in Schwarz. Fotografische und textile Erinnerungen. Detmold 2006. (Materialien des Westfälischen Freilichtmuseums, 1)

Fach-Periodika aus dem Bereich Kopfbedeckungen (Auswahl):

Allgemeine Hut-Zeitung. Fachblatt für die Hutfabrikation, den Grosshandel, alle Hilfs- und Nebenindustrien [früher: Strohhut-Zeitung]: [Berlin] 48.1931–56.1939

Der Deutsche Herrenausstatter: [Berlin] 1.1933–11.1953,7/8

Der Deutsche Hutdetaillist: Beilage zu Deutsche Hutmacher-Zeitung 42.1910–45.1913

Deutsche-Hutmacher-Zeitung. Der deutsche Hut-händler mit den Mitteilungen des Reichsbundes des Textil-Einzelhandels e. V., Fachzeitschrift für die gesamte Hut- und Mützenbranche und verwandte Zweige, Organ des Zentralvereins der Hutfabrikanten Deutschlands e. V., des Arbeitgeberverbandes der Deutschen Woll- und Haarhutindustrie, des Verbandes Deutscher Hutgroßhändler, des Kaufmännischen Vereins der Hut- und Kürschnerbranche, der Hutmacher-Innungen, des Verbandes Deutscher Mützen-Fabrikanten [aufgegangen in: Der Deutsche Herrenausstatter]: [Berlin] 31.1899/1900–68.1936; 1937–1941

Hut + Mütze. Fachzeitschrift für Hutherstellung und Huthandel: [Stuttgart]: 1950,1–1975,9/10; bis 1974 Zusatz: Deutsche Hutmacherzeitung; ab1975,1 H + M. Hut + Mütze, Hut-Mode

Hut und Putz: Neue Folge des Damenputz, vereinigt mit »Das österreichische Modegewerbe«: 36=70.1937 - [43.]1944[?]

Hut-Journal. Offizielles Organ der Gemeinschaft Deutscher Hutfachgeschäfte [aufgegangen in Hut + Mütze]: [Stuttgart] 1954–1955, Juni

Modellhut. Journal für Damenhüte, Herrenhüte, Mützen, Accessoires [darin aufgegangen Hut + Mode; 28.1976 Hut + Mütze]: [Wiesbaden] [1].1949-[27].1975, 28.1976–49.1997

Strohhut-Zeitung: [Dresden] 2.1885–3.1886, [Berlin] 30.1913–48,1930; ab 30.1913 Zusatz: Fachblatt für die Strohhut- und Damenfilzhut-Fabrikation etc.

Internetquellen

Beder, Jutta: Bibliographie zu Kleidung und Mode < http://www.bkm.uni-paderborn.de/content/home/index.htm>, abgerufen am 28.08.2012

Costume: the journal of The Costume Society < http://costumesociety.org.uk/journal >, abgerufen am 28.08.2012

Costume Society of America < http://www.costumesocietyamerica. com/dress.htm >, abgerufen am 28.08.2012

Gesellschaft für Historische Waffen- und Kostümkunde < http://www.waffen-kostuemkunde.de/index.php >, abgerufen am 28.08.2012

Planet Wissen: Hutlexikon < http://www.planet-wissen.de/alltag_gesundheit/mode/huete/hutlexikon_1.jsp>, abgerufen am 04.09.2012

Sammlung Dieter Phillipi < http://www.dieter-philippi.de/ >, abgerufen am 28.08.2012

Wikipedia – Die freie Enzyklopädie < http://de.wikipedia.org/wiki/Wikipedia:Hauptseite>, abgerufen am 04.09.2012

Glossar

Begriff	Synonyme	Erläuterung
Accessoire		die Kleidung ergänzendes, oft schmückendes Beiwerk wie Fächer, Regenschirm, Krawatte, Handschuhe, Spazierstock oder Taschentuch
aufputzen	siehe putzen	
Backenstück	siehe Wangenstück	
Bart (Helm)	siehe Kinnreff	
Boden (Haube)	siehe Haubenboden	
Bommel	Pompon	aus Wollfäden hergestellte, sehr dichte Kugel; hat an Kopfbedeckungen angebracht zumeist nur Schmuckfunktion
Bordierung		schmückende Einfassung von Rändern mit Borten
Brünne	Helmbrünne	am Helmrand befestigter kapuzenartiger Halsschutz aus Ringelgeflecht
Dutt		Knoten einer Langhaarfrisur für Frauen und Mädchen; wird mit Hilfsmitteln wie Haarnadeln, Bändern, Haarnetzen, Duttpolster etc. zusammengehalten und am Hinterkopf, auf dem Scheitel oder auch direkt über der Stirn festgesteckt
Fichu		dreizipfelige Kombination von Brust- und Halstuch
Flinder	siehe Flitter	
Flitter	Flinder	kleine Plättchen, Perlen oder Steine aus Metallfolie, Kunststoff oder Strass in vielerlei Formen, die aufgenäht oder aufgeklebt werden
gewirkt		durch Maschen gebildet
Haubenboden	Boden (Haube), Haubenfleck	siehe Schemazeichnung 1
Haubenfleck	siehe Haubenboden	
Helmbrünne	siehe Brünne	
Helmglocke		Grundbestandteil des Helms, der die Schädelkalotte des Trägers bedeckt
Helmkamm	siehe Kamm (Helm)	
Hutband		am Zusammenstoß von Hutkappe und Krempe umlaufendes Band
Hutgupf	siehe Hutkappe	
Hutkappe	Hutgupf, Hutkopf. Kopf (Hut)	siehe Schemazeichnung 2
Hutkopf	siehe Hutkappe	
Hutschnur		am Zusammenstoß von Hutkappe und Krempe umlaufende Schnur
Kalotte		Oberfläche eines Kugelabschnitts. Nicht zu verwechseln mit Scheitelkäppchen
Kamm (Helm)	Helmkamm	der über der Scheitellinie aufragende Teil eines Helmes

Begriff	Synonyme	Erläuterung
Kinnreff	Bart (Helm)	der stählerne Schutz der unteren Gesichtshälfte und des Halses; bei Turnierhelmen vorgeschnallt, bei Eisenhut und Beckenhaube wie ein Kragen getragen
Knüpfgrund	siehe Montur	
Kokarde		Rosette als Schmuck oder Abzeichen an Kopfbedeckungen
Kopf (Hut)	siehe Hutkappe	
Krempe		siehe Schemazeichnung 2
Montur	Knüpfgrund	textiler Untergrund, in den das Haar von Toupets oder Perücken eingeknüpft wird
Mützendeckel		siehe Schemazeichnung 3
paspeliert		mit einer Paspel, einem auf den Rand aufgesetzten schmalen, schmückenden Stoffstreifen, versehen
Pompon	siehe Bommel	
putzen	aufputzen	Herstellung, Fertigstellung, Verzierung einer Kopfbedeckung durch eine Putzmacherin (Modistin)
Quaste	Troddel	in der Regel ein Büschel von Fäden, die so gelegt werden, dass sie an einem Ende wie ein Pinsel aussehen, während sie am anderen Ende zusammengebunden sind; als Zierelement an Kleidungsstücken angebracht
Ripsband		gewebtes Band mit gerippter Oberflächenstruktur
rouliert		hoch gerollt, eingerollt
Schädelkalotte		Schädeldach ohne Schädelbasis
Schild	Schirm	siehe Schemazeichnung 3
Schirm	siehe Schild	
Steg (Hut, Mütze)		siehe Schemazeichnung 3
Stirnschneppe	Wangenschneppe	schnabelartige Spitze, die in das Gesicht hineingreift
Stumpen		vornehmlich aus Filz oder Stroh vorgefertigter glockenförmiger Hutkappenrohling
Tellerbeule		siehe Schemazeichnung 4
Troddel	siehe Quaste	
Visier		beweglicher, das Gesicht verdeckender Teil des Helms
Wangenschneppe	siehe Stirnschneppe	
Wangenstück	Backenstück	an Helmen angebrachte Stücke, die die Wangenpartie vor Verletzungen schützen
Werg		Abfall, der beim Hecheln von Faserpflanzen wie Flachs, Hanf oder Jute anfällt; wird als Dämm-, Dicht- oder Füllstoff, zum Beispiel zur Herstellung von Wülsten, weiterverwendet
Wulst		dickeres wurstförmiges Gebilde; entsteht durch Zusammenrollen, -knüllen o. Ä. von weichen Materialien

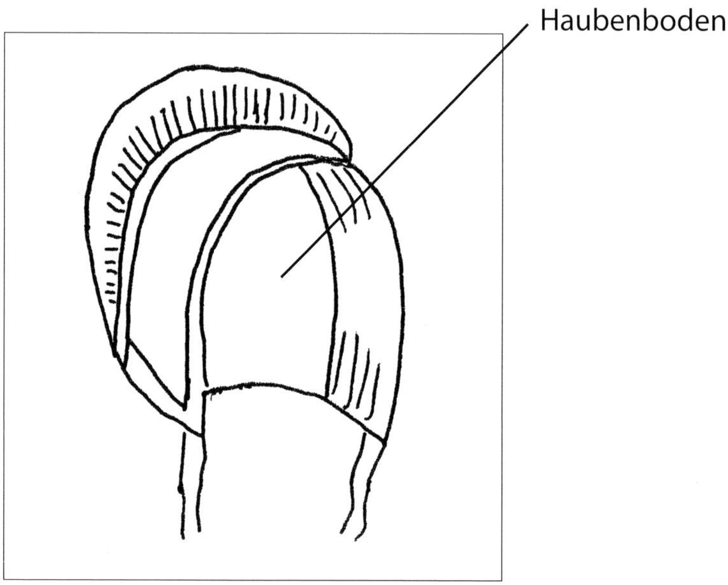

Schemazeichnung 1

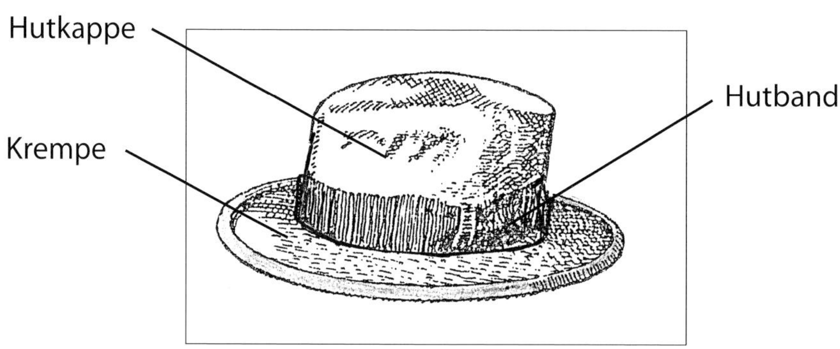

Schemazeichnung 2

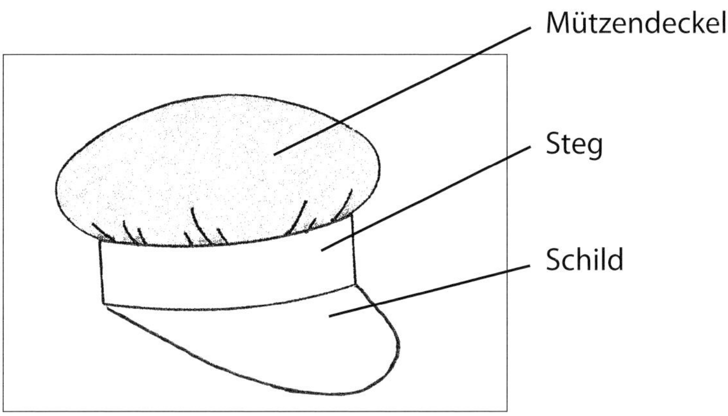

Schemazeichnung 3

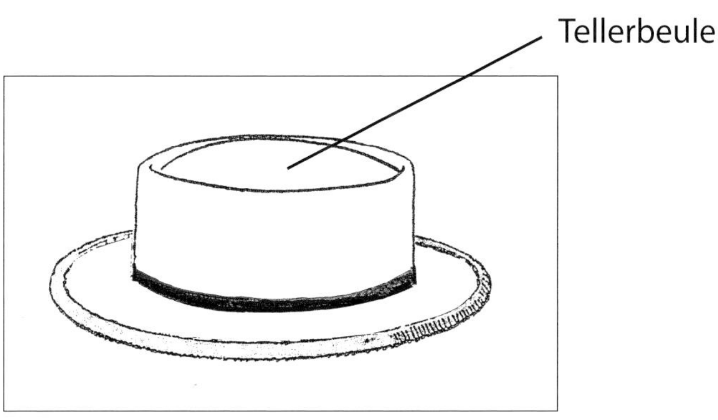

Schemazeichnung 4

Register

Das alphabetische Register umfasst alle Deskriptoren, denen aufsteigend die zugehörigen Oberbegriffe angefügt werden. Daneben finden sich die (Quasi-)Synonyme mit Verweis auf die jeweiligen Deskriptoren; erkennbar sind sie durch das hinweisende »s.« (für siehe). Die nicht zu nutzenden »Sternchen-Begriffe« (*) wurden – wie auch im Thesaurus – ohne weitere Bemerkungen alphabetisch eingeordnet.

Dank

Die Erarbeitung des Thesaurus gestaltete sich langwierig. Und sie betraf – direkt oder indirekt – viele, denen unser herzlicher Dank gebührt:

- den Kollegen und Kolleginnen in den eigenen Dienststellen, die uns in der Zeit der Erarbeitung unterstützten,
- den Kollegen und Kolleginnen in den bayerischen, sächsischen und westfälischen Museen und kulturwissenschaftlichen Institutionen sowie im Historischen Museum Aurich, die uns Gastfreundschaft gewährten, uns ihre Sammlungen und Archive öffneten und mit uns Fragen und Problemfälle diskutierten,
- Fa. Schmedes – Elegante Hutmoden, Salzstr. 36, 48143 Münster für die kurzfristige Herstellung einer Pillbox für Fotozwecke,
- der Landesstelle für die nichtstaatlichen Museen in München und dem Landschaftsverband Westfalen-Lippe in Münster für die Möglichkeit, den Thesaurus zu veröffentlichen.

Ein Thesaurus ohne Abbildungen wäre nur schwer nutzbar. Daher danken wir ganz besonders all den Personen sowie den zahlreichen kulturwissenschaftlichen Museen und Institutionen, die uns bei der Recherche unterstützt haben, oder die uns – in der Regel in unkomplizierter Weise – Bildmaterial zur Veröffentlichung herstellten und überließen.

Abbildungsnachweis

Die angegebenen Nummern im Abbildungsnachweis beziehen sich auf die Abbildungsnummern.

Für die Anfertigung von Zeichnungen danken wir:

Frank Brüggendick, Hagen: 74, 75, 87, 88, 133, 142, 145
Hubert Köhler, Ennepetal: 22, 25, 41
Michael Rüdiger, Spessartmuseum Lohr: 187
Leonhard Tomczyk, Spessartmuseum Lohr: 38, 46

Folgende Personen stellten uns dankenswerterweise Fotografien zur Verfügung:

Gitta Böth, Hagen: 135 (Ausschnitt)
Ulrich Dölle, Hünfeld-Dammersbach: 139 (Ausschnitt)
Hubertus Habel, Coburg: 28, 77, 85, 119
Andreas Haerkötter, Emsdetten: 108
Fritz Kaufmann, Homberg/Efze: 173 (Ausschnitt)
Helmut Orwat, Castrop-Rauxel: 152
Viktor Pröstler, München: 70, 134
Guido Schmid, Bamberg: 15
Gudrun Völcker, Unna: 99

Folgende Museen und Institutionen unterstützten uns freundlicherweise mit Abbildungen (in Klammern Inventarnummern):

Deutsches Historisches Museum Berlin: 6 (KT 2002/24), 23 (W 975), 31 (U 2004/7), 48 (U 59/284), 51 (W 1001), 52 (U 97/29), 57 (1987/33.4), 58 (U 94/132), 59 (1988/1348), 60 (U 53/245), 93 (Kte 90/678), 94 (U 53/55), 98 (W 2000/1), 102 (2006/557), 127 (KT 2008/355), 188 (U 71/85)
Fliedner-Kulturstiftung Kaiserswerth, Museum zur Kultur des Helfens, Kaiserswerth: 184
Germanisches Nationalmuseum, Nürnberg: 10 (T 2424), 71 (T 7388), 72 (1655), 73 (1656), 80 (T 7070), 149 (T 2101), 162 (T 6596), 170 (T 1661a)
Hutmuseum Lindenberg: 92
Volkskundliche Kommission für Westfalen Landschaftsverband Westfalen-Lippe: 9 (0000.06163; Fotograf: Albert Ludorff), 11 (1999.00385; Fotograf: Adolf Risse), 12 (2003.06993), 14 (0000.02007), 18 (0000.38244), 81 (2003.07685), 83 (2003.06884), 90 (1986.00103), 105 (0000.04624), 111 (1986.00060), 125 (1994.01509), 126 (0000.61895), 152 (2006.00832, Fotograf: Helmut Orwat), 155 (2003.06534, Fotograf: Hermann Tell), 157 (0000.S0659), 165 (2003.06604, Fotograf: Hermann Tell), 172 (2003.06544, Fotograf: Hermann Tell), 180 (0000.17426)
Münchner Stadtmuseum: 5 (T 82/28), 110 (T 82/6), 121 (A 83/ 431/1,2), 146 (T 83/190), 161 (T 83/133), 177 (T 83/293), 182 (68/363), 183 (55/135), 186
Museum Schloß Ratibor Roth, Fotograf: Gerhard Schlötzer: 63 (2730), 65
Sammlung Karl-Ulrich Pachale, Coburg: 190
Spessartmuseum Lohr: 30, 179
Stadtgeschichtliches Museum Leipzig: 1 (K/364/2001), 16 (V/1178/2007), 43 (MI/48/2003), 140 (V/2434/2007),169 (XXII/48), 175 (V/1814/2006), 185 (H 255/2)
Städtische Sammlungen Coburg: 2 (EN 11445), 24 (EN 11526-3), 47 (10491), 54 (EN 11526), 62 (EN 11526), 158 (IN958)

Aus folgenden Publikationen wurden Abbildungen entnommen (in Klammern Seitenzahl und gegebenenfalls Abbildungsnummern):

Beilage zur allgemeinen Musterzeitung, 1. Dezember 1849: 174
Boeheim, Wendelin: Handbuch der Waffenkunde. Leipzig 1890: 21 (42, 29), 35 (36, 21), 42 (43, 31),

44 (57, 51), 45 (27, 6), 49 (39, 26), 50 (545, 631 Ausschnitt), 56 (29, 9)

Bräuer, Birgit: Fräulein Haberbeck und ihre Hüte. Kreationen zwischen Jugendstil und Moderne. Detmold 2000, S. 51: 95

Das Pfennig-Magazin der Gesellschaft für Verbreitung gemeinnütziger Kenntnisse. Siebenter Band. Nr. 301–352. Leipzig 1839, S. 84: 95

Das Pfennig-Magazin für Verbreitung gemeinnütziger Kenntnisse Nr. 444 vom 2. Oktober 1841: 97

Der Bazar, 40. Jahrgang, 1894, S. 113: 137

Doyé, Franz von Sales: Die alten Trachten der männlichen und weiblichen Orden sowie der geistlichen Mitglieder der ritterlichen Orden. Leipzig o. J. [1930]: 191

Illustrierte Modenschau. Heft 172, 1927, S. 28: 79

Illustrierter Hauptkatalog, Kaufhaus des Westens Berlin, 1913: 178

Knöss, Conrad: Der Friseur. 9. Aufl., Gießen 1965. S. 619: 4

Meyers Konversationslexikon 1885–1890: 101

Mode-Katalog, Kaufhaus A. Wertheim, Berlin, 1903/1904: 67

Ottenjann, Helmut: Der Silhouetteur Caspar Dilly. Familienbilder der Landbevölkerung 1805–1841. Cloppenburg 1998: 166 (64, 90), 167 (62, 86)

Volkmann, Ludwig: Das moderne Buch. Stuttgart 1910, o. S.: 76

Wholesale Price List. A. & W. Paterson Ltd. Glasgow, Summer Season 1937, S. 206: 148

Folgende Abbildungen sind abzurufen unter Wikimedia Commons, URL:

http://commons.wikimedia.org/wiki/File:
Boxing_at_the_2000_Olympic_games.JPEG
abgerufen am 18.02.2013. Lizenziert unter: public domain; work of a U.S. Air Force Airman or employee: 3

http://commons.wikimedia.org/wiki/File:
Bobby_pin.jpg
abgerufen am 18.02.2013. Lizenziert unter: GNU Free Documentation License, Version 1.2. Fotograf: Larry D. Moore: 13

http://commons.wikimedia.org/wiki/File:
Vendel_era_helmet_%28942%29.jpg
abgerufen am 18.02.2013. Lizenziert unter: GNU Free Documentation License, Version 1: 26

http://commons.wikimedia.org/wiki/File:
Spaetroemischer_Kammhelm.JPG
abgerufen am 18.02.2013. Lizenziert unter: Public Domain: 27

http://commons.wikimedia.org/wiki/File:
Helm- alt-01.jpg?uselang=de
abgerufen am 20.02.2013. Lizenziert unter: gemeinfrei: 33

http://commons.wikimedia.org/wiki/File:
Horned_helmet.jpg
abgerufen am 20.02.2013. Lizenziert unter: Creative Commons Attribution-Share Alike 3.0 Unported, 2.5 Generic, 2.0 Generic and 1.0 Generic: 34

http://commons.wikimedia.org/wiki/File:
Corinthian_ helmet_Denda_Staatliche_Antiken sammlungen_4330.jpg
abgerufen am 20.02.2013. Lizenziert unter: Creative Commons Attribution-Share Alike 3.0 Unported. Fotograf: Matthias Kabel: 40

http://commons.wikimedia.org/wiki/File:
Stechzeug_Wien.jpg
abgerufen am 20.02.2013. Lizenziert unter: gemeinfrei: 53

http://commons.wikimedia.org/wiki/File:
Taucherhelm.JPG
abgerufen am 20.03.2013. Lizenziert unter: GNU Free Documentation License, Version 1.2: 55

http://commons.wikimedia.org/wiki/File:
Rebecca_Romero.jpg
abgerufen am 20.02.2013. Lizenziert unter:
Creative Commons-Lizenz Namensnennung 2.0 US-amerikanisch (nicht portiert), Fotograf(in): johnthescone: 61

http://commons.wikimedia.org/wiki/File:
Isabella_of_portugal.jpg
abgerufen am 01.03.2013. Lizenziert unter:
Public Domain: 64

http://commons.wikimedia.org/wiki/File:
Eleanor_Frances_Dixie_by_Henry_Pickering.jpg
abgerufen am 20.03.2012. Lizenziert unter:
Public Domain; Nottingham City Museums & Galleries: 66

http://commons.wikimedia.org/wiki/File:Hatt.jpg
abgerufen am: 01.03.2013. Lizenziert unter:
GNU Free Documentation License, Version 1.2, Fotograf: Kjetil Ree: 68

http://commons.wikimedia.org/wiki/File:
Boonie_wuestentarn.jpg
abgerufen am 20.03.2013. Lizenziert unter:
Public Domain: 69

http://commons.wikimedia.org/wiki/File:
Codex_Manesse_S%C3%BC%C3%9Fkind_von_Trimberg.jpg
abgerufen am 01.03.2013. Lizenziert unter:
Public Domain: 82

http://commons.wikimedia.org/wiki/File:
Bowler_Hat_sw_fcm.jpg
abgerufen am 01.03.2013. Lizenziert unter:
Creative Commons Attribution-Share Alike 2.5 Generic, Fotograf: Frank C. Müller: 84

http://commons.wikimedia.org/wiki/File:
Lundens_-_Nachtwache-Kopie.jpg
abgerufen am 20.03.2013. Lizenziert unter:
Public Domain, National Gallery London: 89

http://commons.wikimedia.org/wiki/File:
Studentische_Kneipszene_um_1810.jpg
abgerufen am 01.03.2013. Lizensiert unter:
gemeinfrei: 96

http://commons.wikimedia.org/wiki/File:
Woman_walking_in_Afghanistan.jpg
abgerufen am 01.03.2013. Lizenziert unter:
Creative Commons Attribution-Share Alike 2.0 Generic, Fotograf: Steve Evans: 106

http://commons.wikimedia.org/wiki/File:
Women_in_shiraz_2.jpg
abgerufen am 01.03.2013. Lizenziert unter:
Creative Commons-Lizenz Namensnennung-Weitergabe unter gleichen Bedingungen 2.0 US-amerikanisch (nicht portiert), Fotograf: Gabriel White: 107

http://commons.wikimedia.org/wiki/File:
Weltliche_Schatzkammer_Wien_%28190%292.JPG
abgerufen am 19.03.2013. Lizenziert unter:
Public Domain: 112

http://commons.wikimedia.org/wiki/File:
Rangkronen-Fig._05-Pair.png
abgerufen am 20.03.2013. Bild: David Liuzzo: 113

http://commons.wikimedia.org/wiki/Святейший_Патриарх_в_Архангельске.JPG
abgerufen am 20.03.2013. Fotograf: Schekinov Alexey Victorovich: 114

http://commons.wikimedia.org/wiki/File:
Papal_Tiara_with_silver_gems_pearls.jpg
abgerufen am 20.03.2013. Lizenziert unter: GNU Free Documentation License, Version 1.2: 115

http://commons.wikimedia.org/wiki/File:Monomacho%27s_crown_-_circa_1042_Budapest.JPG
abgerufen am 20.03.2013. Lizenziert unter:
gemeinfrei: 116

http://commons.wikimedia.org/wiki/File:
Denmark_crown.jpg
abgerufen am 20.03.2013. Lizenziert unter:
GNU Free Documentation License, Version 1.2:
117

http://commons.wikimedia.org/wiki/File:
Schlafmaske.jpg
abgerufen am 01.03.2013. Lizenziert unter:
gemeinfrei: 118

http://commons.wikimedia.org/wiki/File:
Burano-Venezia-DSCF0003.JPG
abgerufen am 01.03.2013. Lizenziert unter:
GNU-Lizenz für freie Dokumentation, Version 1.2,
Fotografen: Twice25 & Rinina25: 120

http://commons.wikimedia.org/wiki/File:
100_DM_Serie3_Vorderseite.jpg
abgerufen am 01.03.2013. Lizenziert unter:
Public Domain: 128

http://commons.wikimedia.org/wiki/File:
Biret_edit.jpgm
abgerufen am 01.03.2013. Lizenziert unter: GNU
Free Documentation License, Version 1.2: 129

http://commons.wikimedia.org/wiki/File:
Naval_Militia_Bugler_NGM-v31-p346.jpg
abgerufen am 01.03.2013. Lizenziert unter:
Public Domain (pre-1923): 130

http://commons.wikimedia.org/wiki/File:
Вступайте_в_красную_конницу,_1920.jpg
abgerufen am 20.03.2013. Lizenziert unter:
gemeinfrei: 131

http://commons.wikimedia.org/wiki/File:
Mortar board_%28PSF%29.png
abgerufen am 01.03.2013. Lizenziert unter: Public
Domain, Zeichnung: Pearson Scott Foersman: 132

http://commons.wikimedia.org/wiki/File:
Matrosenuniform.jpg
abgerufen am 01.03.2013. Lizenziert unter:
gemeinfrei. Fotograf: E. Funke: 138

http://commons.wikimedia.org/wiki/File:
Luftwaffen_Schiffchen.jpg
abgerufen am 20.03.2013. Lizenziert unter:
GNU Free Documentation License, Version 1.2:
147

http://commons.wikimedia.org/wiki/File:
Adidas_ Baseball_cap.JPG
abgerufen am 01.03.2013. Lizenziert unter:
Creative Commons Attribution-Share Alike 3.0
Unported license: 150

http://commons.wikimedia.org/wiki/File:
Sherlock_Holmes_statue_at_Meiringen1.jpg
abgerufen am 01.03.2013. Lizenziert unter:
GNU Free Documentation License, Version 1.2:
154

http://commons.wikimedia.org/wiki/File:
Wil helm_II._%28Deutsches_Reich%29_im_
Couleur_des_Corps_Borussia_Bonn_%28
farbig%29.jpg
abgerufen am 20.03.2013. Lizenziert unter:
Public Domain: 156

http://en.wikipedia.org/wiki/File:Grand_Rabbi_
Wolf_Kornreich_of_Shidlovtza_%283197%29.jpg
abgerufen am 20.03.2013. Lizenziert unter: GNU
Free Documentation License, Version 1.2: 159

http://commons.wikimedia.org/wiki/File:
Marie_I_Stuart.jpg
abgerufen am 01.03.2013. Lizenziert unter:
Public Domain: 160

http://commons.wikimedia.org/wiki/File:
Soviet_soldier_DN-SC-92-04942.jpg
abgerufen am 01.03.2012. Lizenziert unter:
Public Domain, Fotograf: JO1(SW) Joe Bartlett:
164

http://commons.wikimedia.org/wiki/File:
Loud_environment_headphones.jpg?uselang=de
abgerufen am 20.03.2013. Lizenziert unter: GNU-Lizenz für freie Dokumentation, Version 1.2: 168

http://commons.wikimedia.org/wiki/File:
Codex_Manesse_311r_Alram_von_Gresten.jpg
abgerufen am 01.03.2013. Lizenziert unter:
Public Domain, (Ausschnitt in s/w): 171

http://commons.wikimedia.org/wiki/File:
Altenburger_Hormt_1624_Volkskundemuseum_
Erfurt.jpg
abgerufen am 21.03.2013. Lizenziert unter:
gemeinfrei. Fotograf: Andreas Praefcke: 181

http://commons.wikimedia.org/wiki/File:
Man_at_Madgaon_Train_Station_-_Near_
Panaji_-_Goa_-_India.JPG
abgerufen am 01.03.2013. Lizenziert unter:
Creative Commons Attribution-Share Alike 3.0
Unported. Fotograf: Adam Jones: 189

Alle anderen Abbildungen:

Landschaftsverband Westfalen-Lippe,
LWL-Freilichtmuseum Hagen und LWL-Museumsamt Münster

Publikationen der
Landesstelle für die nichtstaatlichen Museen in Bayern
im Deutschen Kunstverlag

Museen in Bayern

Das Bayerische Museumshandbuch

5., überarbeitete und aktualisierte Ausgabe
(Neubearbeitung in Vorbereitung)

MuseumsBausteine

Band 2: Marjen Schmidt, **Fotografien in Museen, Archiven und Sammlungen. Konservieren – Archivieren – Präsentieren.** Hg. in Zusammenarbeit mit dem Münchner Stadtmuseum

Band 3: Werner Endres, **Gefäße und Formen. Eine Typologie für Museen und Sammlungen**

Band 4: **Das Museumsdepot. Grundlagen – Erfahrungen – Tendenzen** *(Neubearbeitung in Vorbereitung)*

Band 5: **Aspekte der Museumsarbeit in Bayern. Erfahrungen – Entwicklungen – Tendenzen**

Band 6: **Sammlungsdokumentation. Geschichte – Wege – Beispiele**

Band 7: **Technisches Kulturgut. Der Bahnpostwagen von 1888 im Museum für Kommunikation Nürnberg**

Band 8: Gitta Böth, Manfred Hartmann u. a., **Möbel. Eine Typologie für Museen und Sammlungen** *(Neubearbeitung in Vorbereitung)*

Band 9: Hannelore Kunz-Ott (Hg.), **Museum und Schule. Wege zu einer erfolgreichen Partnerschaft**

Band 10: **Kulturgutverluste, Provenienzforschung, Restitution. Sammlungsgut mit belasteter Herkunft in Museen, Bibliotheken und Archiven**

Band 11: **Freilichtmuseen. Geschichte – Konzepte – Positionen**

Band 12: **Archäologische Funde im Museum. Erfassen – Restaurieren – Präsentieren**

Band 13: **Inventarisation als Grundlage der Museumsarbeit**

Band 14: Hannelore Kunz-Ott (Hg.), **Mit den Ohren sehen. Audioguides und Hörstationen in Museen und Ausstellungen**

Band 15: Gitta Böth, Viktor Pröstler, Manfred Hartmann u. a., **Kopfbeckungen. Eine Typologie für Museen und Sammlungen**

Bestimmungsbuch Archäologie

Band 1: Ronald Heynowski,
Fibeln. Erkennen – Bestimmen – Beschreiben

Herausgegeben in Zusammenarbeit mit dem Archäologischen Landesmuseum Baden-Württemberg, dem LVR-LandesMuseum Bonn und der Stiftung Historische Museen Hamburg – Archäologisches Museum Hamburg

Bayerische Studien zur Museumsgeschichte

Band 1: Gesa Büchert, **Schauräume der Stadtgeschichte. Städtische Heimatmuseen in Franken von ihren Anfängen bis zum Ende des Zweiten Weltkriegs**

Band 2: Vanessa-Maria Voigt, Horst Keßler, **Protokoll eines Kunstraubs. Handbuch der 1938/39 beschlagnahmten jüdischen Sammlungen in München**